U0157853

初打的"小算盘"也落空了。保守派的行为激怒了数千名市民，他们丢下田里等待采收的马铃薯，涌向集会振臂反抗。

不过话说回来，保守派打的这个"如意算盘"也并非一拍脑门想出来的。以莫斯科为中心，北纬45°—65°之间是广袤的俄罗斯平原。在这样的平原国家，马铃薯被称为粮食的"生命线"。人们深信，即使没有面包，只要有马铃薯，日子就能过下去。所以一发生政变，政界人士和政治观察员们首先关注的是"今年马铃薯的收成如何"。因为他们认为，遇到灾年老百姓的怒火会被迅速点燃并且熊熊燃烧，但是丰收的话，一般就不会有大的骚乱。保守派打好了"如意算盘"，不承想被打了个措手不及。

其实，不仅仅是俄罗斯，在许多历史转折点，如法国大革命、产业革命，马铃薯都发挥了极其重要的作用，马铃薯才是历史发展真正的幕后主角，是强有力的推手。因为，若论最接地气且拯救世界于危难中的食物，绝对非马铃薯莫属。

马铃薯的"素颜"

接下来，我们来看看能改变历史甚至驱动政治的马铃薯的真实"素颜"吧。

马铃薯学名 Solanum Tuberosum，是茄科一年生草本植物，原产自南美秘鲁海拔 4000 米左右的高地，人工种植大约始于公元 500 年。

食用马铃薯每 100 克约含 352.8 千焦热量，虽然比不上每 100 克含 705.6 千焦热量的大米，但它富含维生素和矿物质，加之原产于安第斯地区，具有抗高寒和抗贫瘠的坚韧特性，因此与小麦、水稻、玉米并称世界四大粮食作物。

不过，马铃薯含有有毒成分龙葵素，所以烹饪的时候必须把发芽和变绿的部分去掉。原产地安第斯地区的人们收获马铃薯之后，一般都会把它们放在屋外，利用昼夜温差使马铃薯反复冻结和解冻，再用踩踏的方法把龙葵素和残留的水分一起挤榨干净，做成马铃薯干存放。

日本列岛南北狭长，北海道和东北地区位于较高纬度，一年只能种一季（春季栽种，夏末或初秋收获），而在低纬度的长崎县及西南一带气候温暖的地区，通常一年可以种植两季（春马铃薯：冬季栽种，春季收获。秋马铃薯：夏末或初秋栽种，晚秋至初冬收获）。马铃薯一般在刚收获的一段时间内不会发芽，此期间被称为休眠期。利用这一特性，西南温暖地区一般会选种休眠期较短的品种，而寒冷地区要等冰雪消融冬去春来才能开始种植，一年只能种植一季，所以一般会选用休眠期100天以上的品种。

为了增强人们对马铃薯这种"发展中国家的主要粮食"的认识，由联合国粮农组织（FAO）提议，2005年经联合国大会审议通过，将2008年定为"国际马铃薯年"，同时还筹备召开"世界马铃薯大会"等各种国际会议。这是一个绝好的契机，可以让人们更多地关注粮食危机，重新认识和评价马铃薯的价值。

马铃薯16世纪从南美的秘鲁传入旧大陆，成为"穷人的面包"，无数次拯救处于饥荒绝望中的人们。我想追随被视为"穷人的面包""饥民救世主"的马铃薯的足迹，与它来一场超越时（历史）空（地理）的相遇之旅。

目录

第一章

的的喀喀湖湖畔——马铃薯的发源地

1 故乡的湖

湖上的马铃薯田

这里是的的喀喀湖，位于安第斯山脉中央，海拔 3812 米，是世界上海拔最高的大船可通航的湖泊。的的喀喀湖横跨秘鲁和玻利维亚两国，面积约 8372 平方千米。大部分到访这里的游客都会由于高原反应，感到头痛或心脏不适。

我从秘鲁普诺城的栈桥坐小船出发，驶向位于湖中的浮岛。湖水碧绿，蓝天白云倒映在湖中，湖面长满了一种叫"陀陀拉（Totora）"的类似芦苇的草。不同的是，芦苇属于禾本科，而陀陀拉草是莎草科的一种。

微风轻拂脸颊，在陀陀拉草的缝隙间穿梭了大约 30 分钟后，终于到了一个由陀陀拉草铺建成的小岛，岛名康塔乌伊岛。

　　在这个直径约 50 米的小岛一隅，有一片马铃薯田。岛民们利用陀陀拉草根部附着的泥土，在岛上开辟了一块土地，用来种植马铃薯。我到这里时是 3 月末，马铃薯田里淡紫色的小花开得正盛，湖上有风吹来，花儿们在风中轻轻摇曳。听说这一小片土地上收获的马铃薯能供岛上 6 户 26 口人吃一个月。

　　事不宜迟，我赶紧去和岛民们聊天。渔民阿方索·多兰·伯鲁塞拉说：

　　"马铃薯吗？当然喜欢啦。一个人一天要吃 7—15 个呢。岛上种的不够吃，还得去城里的市场上买，马铃薯干也常买。现在可以吃上米了，以前只有马铃薯。听说我父亲、爷爷那时候，人们用湖里捕的鱼去换马铃薯。现在别的岛上还有人用东西换马铃薯呢。没有马铃薯的日子简直无法想象！"

　　阿方索的妻子易路玛·斯旺妮娅·启思佩穿着以红蓝黄色为主的民族服装，在他旁边卖手工艺品，她也不住地点头说：

　　"我们家有 4 口人。平常用马铃薯和鱼、肉一起做来吃。早中晚顿顿吃它，要是没有了马铃薯，都不知道日子该咋过了。"

　　在的的喀喀湖西岸的这片地区，像康塔乌伊岛这样用陀陀拉草铺建成的浮岛有大大小小 40 多个，那些被西班牙人驱赶至此的原住民乌鲁斯人的后裔居住在这里，有 700 多人。他们以捕捞一种叫"图鲁查"的鳟鱼为生，同时还出售手工艺品给游客。学校、教会都修建在水上，孩子们也是划着陀陀拉草做的小船去上学。

浮岛是人工岛，建一座岛要花一年时间。把5—6米长的陀陀拉草带着湖底的泥土一起连根拔起，堆砌成一个个块状物后，再并在一起，就做成了浮岛的底面。再把割下来的陀陀拉草交叉叠铺在上面，大概铺到2.5米厚左右，岛的主体就建好了。为了防止浮岛被水冲走，最后还须把铺建好的岛用绳索固定到钉入湖底的木桩上。一个浮岛的使用期大约是30年。如今，这样的浮岛上竟然也通了电，安装了太阳能板。

我在岛上还听到了一件有趣的事。岛民之间有时也会起争执闹矛盾，遇到这种情况，他们就采取"分岛"的办法，把岛一分为二来解决问题。这个康塔乌伊岛就是刚刚从别的岛分出来的，之前居住的岛上一共有14户人家。

马铃薯的故乡——的的喀喀湖湖畔

毋庸置疑，的的喀喀湖湖畔的这片海拔3812米的高原地带，就是我们今天食用的马铃薯的故乡。日本作家山本纪夫在

《马铃薯和印加帝国》中这样写道：

在那里（以的的喀喀湖湖畔为中心的中央安第斯高地），有许多证据可以证明这一点，你去露天集市一看便知。集市上当地的农民身穿地方特色浓厚的民族服装，出售各自田里种的农作物，或者和别人物物交换。集市上的马铃薯种类繁多，各式各样的马铃薯从侧面向我们证明了，中央安第斯高原就是马铃薯的故乡。正是安第斯人民千百年来不断尝试改良，才培育出种类如此丰富的马铃薯。

……

此外，还有一个更有力的证据。在这里，生长着一种被认为是马铃薯祖先的野生马铃薯。所有人类栽种的植物都是后来经过人工培育的，因此不只是马铃薯，所有的栽培植物都有自己的野生物种。栽培植物是人们将野生物种按照自己的需要加工改良创造出来的。

最先实现人工栽培的是学名为 Solanum phurea-s. stenotomum 的二倍体马铃薯。人工栽培的马铃薯体细胞中的染色体数分别为 24、36、48、60 根，基本染色体数是 12 根，所以 24 根的称为二倍体，36 根的称为三倍体，以此类推。

在栽培二倍体 Solanum phurea-s.stenotomum 的过程中，人们发现了能结出更大果实的四倍体马铃薯 S.Tuberosum，随后将其在世界范围内推广。

马铃薯干——丘纽（西班牙语 Chuño）

马铃薯的故乡安第斯山脉位于南美洲太平洋一侧，纵贯南北绵延约 8900 千米，是世界上最长的山脉。北起北半球的委内瑞拉的科德拉海角（译者注：国内目前常见的说法是特立尼

马铃薯干

达岛，不是委内瑞拉），南至智利、阿根廷的火地岛，中间跨越哥伦比亚、厄瓜多尔、秘鲁、玻利维亚。山脉的正中段就是秘鲁、玻利维亚所在的中央安第斯地区，在这片平均海拔超过4000米的高原村落里，至今依然大量种植马铃薯，并制作风干的马铃薯干。将马铃薯去毒风干，就可以长期保存，这是安第斯地区人民智慧的结晶。

马铃薯干的制作方法

制作时间以旱季的6月为佳。这个季节，夜里温度降至零下5—10摄氏度左右，早上还会打霜。但到了中午，在强烈的日照下温度又会上升到15摄氏度左右。巨大的昼夜温差是制作马铃薯干的必要条件。

把新鲜马铃薯露天铺开，晾晒几天。注意要把一个一个马铃薯分散摆开，不能重叠或挨在一起，所有的马铃薯都要接触空气。

放在室外的马铃薯在夜里冻结，白天解冻。连续几天后，马铃薯会变软，用手或脚轻轻一按，就可以把里面的水分挤出来。把变软的马铃薯堆成一个个小堆，用脚踩。刚开始，会踩得水分四溅，要一直踩踏下去，直到马铃薯

制作马铃薯干的安第斯人

不再出水为止。

　　至此，马铃薯干的制作工作其实远没结束，通过踩踏榨干水分的马铃薯还要在露天摊开晾晒几天。在湿度30%、昼夜10摄氏度左右的巨大温差下，马铃薯的水分进一步消失殆尽，马铃薯干的制作才算大功告成。

　　缩成小石块状的马铃薯干和生马铃薯比只有一半或三分之一大小，直径约 3 厘米，重约 8 克。

　　这种去除水分的马铃薯干可以保存将近 10 年之久。自己吃很方便，拿去以物换物也很抢手。以前交通不便，马铃薯干作为便于存放的干货，应该比现在更有价值和意义。在脚踩挤水的过程中，有毒成分龙葵素也一起被挤了出来。

　　听说马铃薯干又分两类，通过脚踩挤出水分和龙葵素的马铃薯干叫"黑马铃薯干"，而把马铃薯悬在水中，利用水流去除水分的马铃薯干叫"白马铃薯干"。在食用时，先要把马铃薯干在水里泡一整天，再把发成海绵状的马铃薯切丝或切片，做汤或和肉一起炒。书上介绍这样做的马铃薯"很有嚼头，味道很棒"。

　　于是我也试着做了一次。首先把马铃薯干用水泡一天。黑马铃薯干会沉到水底，白马铃薯干则浮在水面上。马铃薯慢慢地越发越大，水会变黄变浑浊。大约泡了 24 小时后，马铃薯皮用手就可以剥掉。剥皮切片后和火腿一起炒。黑马铃薯干还保留着一般马铃薯的脆感和黏度，也能吃出马铃薯的味道，相当棒。白马铃薯干更接近炸薯条的口感，味道比较淡，不过和火腿一起吃，味道也还不错。

回国后我请邻居的主妇们也尝了尝，黑马铃薯干大获好评，都说"吃起来像莲藕，口感爽脆"。

有人建议"做汤试试"。我加上洋葱做了法式清汤，味道出奇地好。不由让我想起当地导游说过"用羊驼肉和马铃薯干做汤喝，特别暖身子"。

说了这么多，归根结底一句话：毫无疑问，能长期保存又提高了交换价值的马铃薯干，绝对是畅销食品。

可是，马铃薯干身上也背负着一段悲惨的历史。征服了印加帝国的西班牙人 1545 年在秘鲁总督区发现了波托西银矿山（现玻利维亚南部）。他们命令印第安人（原住民）奴隶般地开采银矿。大量用极其危险的水银炼制法提炼的银子，被运到西班牙，甚至引发了物价飙升，史称"价格革命"。当时那些被奴役的印第安人赖以生存的食物，就是马铃薯干。

把马铃薯干运去强卖给矿工的，也是西班牙人。一个叫希艾萨·德·雷昂的西班牙士兵在印加帝国灭亡后不久，遍访旧印加领地，听取各地首领和民众的心声。他愤怒地写道："许多西班牙人就是通过这个手段发了横财，衣锦还乡的。"（增田义郎译《印加帝国史》）虽为一介草民，雷昂却不忘对消失的印加文明深表敬意，也不忘对摧毁者加以指责。然而，遗憾的是，像雷昂这样的西班牙人却很少见。

2 支撑印加帝国的食物

印加文明的兴亡

曾经是印加帝国首都的库斯科是个红色之城。这座城市位于海拔 3416 米的盆地，城市中红色的土砖、茶红色的屋顶鳞次栉比。齐整的石板路上，身着红、蓝、黄三色民族服装的印第安人熙来攘往。

库斯科也是一座铭刻了悲惨历史的城市。在号称"连一枚刀片也插不进去"的印加帝国时代修建的坚固基石上，西班牙人建起了教堂，修筑了修道院。他们把神殿、宫殿上的金饰全部拆掉送回本国。当时损毁的痕迹至今仍清晰可见，令人扼腕叹息。

定都库斯科的印加帝国在 15—16 世纪非常强盛，却在 1533 年毁于西班牙人之手。这个北起哥伦比亚、南至智利中部马乌莱河，南北距离 5000 千米版图的大帝国，据说最繁盛的时期有一两千万人口。

　　"印加"一词本是"王者"之意，国王印加是神的化身，太阳之子。国王掌握祭祀、军事权力，实行独裁统治。国家是以国王为顶点，贵族、农民依次而下的金字塔形结构。为了有效统治广阔的领地，全国分为四个行政区，分别任命总督进行管理。首都库斯科整齐有序地分布着神殿、皇宫，以及贵族、神职者、军队首领的宅邸，还有广场和街道。

　　国王专制统治的后盾就是黄金。希艾萨·德·雷昂这样写道：

　　　　我想世界上不会再有第二个贵金属资源如此丰富的国家了。几乎每天都有储量丰富的金矿银矿被发现。各地老百姓下河淘金，上山采银，所得的财富都属于国王一个人，让其坐拥天下。

　　　　这个国家曾经的年产白银总量超过5万阿罗瓦（1阿罗瓦约等于11.5千克），黄金总量也高达1.5万阿罗瓦以上。

　　印加文明还孕育了先进的城市设计理念。安第斯高原上那些向下沉降的同心圆梯田、循环的用水系统、灌溉工程，令人惊叹的城市规划、精美绝伦的石匠技术，以及让人不禁猜测当时的人们是否已懂得运用虹吸技术的灌溉系统，至今依然存留在世界遗产马丘比丘遗址，可以令我们一饱眼福。

马丘比丘距库斯科约 110 千米，位于乌鲁班巴河流域，是印加帝国代表性的城市遗迹，据说是第九世印加皇帝帕查库蒂（1438—1471 年在位）修筑的冬宫。冬宫修建在比库斯科低1000 米、大约海拔 2400 米的密林深处，因此侥幸逃过了西班牙人的大肆破坏，得以完整地保留下来。印加帝国灭亡后 400年，美国历史学家海勒姆·宾厄姆发现它时（1911 年），马丘比丘已被深深地湮没在荒烟蔓草中。

马丘比丘修建在壁立千仞的山坳间，是赏雾胜地。它俯瞰着蜿蜒的乌鲁班巴河，南面开阔，北、东、西三面均被陡峭的山崖环绕。当雾气瞬间散去，在瓦伊纳比丘（海拔 2700 米）的奇特山形的映衬下，整个遗迹忽地出现在眼前，真是当之无愧的"天空之城"。

马丘比丘是为了尽可能靠近天空举行祭祀活动而修建的。在这里，太阳神殿、国王的宫殿居于中心，神职者、贵族、百姓的居住区修建在陡峭山腰的广场上，周围悬崖峭壁上开辟的一片片梯田错落有致。水渠遍布全城，人们用水渠引来水，灌溉种植马铃薯和玉米等作物，饲养美洲驼、羊驼。据说兴盛时期，这里有 5000—10000 人。尽管没有留下任何文字史料，但这里高度的文明体系还是让人赞叹不已。

　　还有一点让我们惊讶的是这里四通八达的交通网。以首都库斯科为中心延伸出去的道路纵横交错，总长达40千米。"海螺"信使飞奔在这些通畅的大道上，以接力的方式传递着信息。这种"飞脚"信使制度对维系和治理庞大的帝国功不可没。帝

17世纪种植马铃薯的场景

国当年的这些道路，如今深受那些喜欢负重徒步的健身爱好者的喜爱。

以前学界一致认为支撑印加帝国的粮食基础是玉米，近年有人提出"马铃薯之说"，备受关注。此观点的依据如下：

（1）玉米喜暖，在寒冷高原地带无法种植。玉米通常种植在海拔3000米以下地带，有时也可种植在海拔超过3000米的地方，但是不超过3500米。而马铃薯在海拔4000米以上的高原也可种植。

（2）从人骨所含的蛋白质可以直接复原逝者生前的饮食生活，通过这个办法得知当时人们的主要食材不是玉米，而是薯类、豆类。

（石毛直道著《食文化探访》、山本纪夫著《马铃薯和印加帝国》）

至今依然是主食

印加后裔至今仍以马铃薯为主食。现在秘鲁的居民构成中，原住民（印第安人）仍占45%，原住民和白人的混血梅斯提索人约占37%，白人占15%，其他占3%。原住民使用的语言是克丘亚语、阿伊马拉语。

　　现在在库斯科工作的公司职员尼古拉斯·门多萨·特库西，15 岁之前一直生活在距库斯科约 40 千米、海拔 3000 米的山村里。

　　他说："在'瓦罗'村，村民们都在山坡上种植马铃薯。生活在安第斯高原的印加后裔——印第安人的主食仍是马铃薯。一日三餐顿顿少不了马铃薯。通常早餐是蒸马铃薯配汤，汤里放羊驼肉。午餐简单些，是白开水泡玉米或马铃薯干。晚餐还是蒸马铃薯和汤，只不过会在汤里放些晒干的肉，变换一下花样。"

　　秘鲁现在像特库西一样从山里来到城市务工的年轻人越来越多。1993 年库斯科人口约为 15.5 万人，现在（译者注：2007 年）已经超过 30 万人。

帝国的灭亡

　　我们的话题重新回到历史上。16 世纪初，为获取黄金，西班牙人无情地入侵并征服了印加帝国。

　　1532 年 11 月 16 日，西班牙的统帅皮萨罗（约 1475—

1541 年）在秘鲁北部高原卡哈马卡，会见了印加帝国皇帝阿塔瓦尔帕。当时阿塔瓦尔帕是美洲大陆最大且最先进国家的绝对君主，而皮萨罗不过是一支只有 168 名乌合之众组成的部队的统领。可是，就是这样一个皮萨罗，在与坐拥 8 万兵士的阿塔瓦尔帕会面后的几分钟里，就把对方制服了。会见时，随军神父帕尔贝尔蒂递上了一本《圣经》，不明就里的阿塔瓦尔帕将

阿塔瓦尔帕

《圣经》扔到了地上。这一举动成了导火索，西班牙人以骑兵打头阵，开始进攻印加军队，并活捉了阿塔瓦尔帕。阿塔瓦尔帕根本不知道《圣经》为何物，可以说这就是一个圈套。

那么，阿塔瓦尔帕为什么会如此轻易地束手就擒？传闻都说因为西班牙军队手持铁枪、身穿盔甲，而阿塔瓦尔帕的士兵只有石棒、铜棒，首先在武器上就败下阵来。而且当时的印加人还从未见过高头大马（骑兵部队），在气势上也被彻底压倒了。

皮萨罗在此后的 8 个月间，以阿塔瓦尔帕为人质，不断向对方索要赎金。在索要的黄金装满长 22 英尺（约 6.7 米）、宽 17 英尺（约 5.2 米）、高 8 英尺（约 2.4 米）的房间后，皮萨罗却无耻地食言，杀害了阿塔瓦尔帕（1533 年 7 月 26 日）。至此，印加帝国也就宣告灭亡了。

印加灭亡还有一个重要的历史背景，那就是西班牙人带来的天花。天花在美洲原住民中间迅速扩散，使帝国的灭亡加速。1525 年印加皇帝瓦伊纳·卡帕库（1493—1525 年在位）及高级官员们纷纷感染天花去世，皇位继承人尼南·库尤奇也因患天花死去。为争夺王位，阿塔瓦尔帕和同父异母的兄弟瓦斯卡尔之间发生了内战。如果印加帝国能团结起来，一起对外抵抗西班牙军队，那么后来等待秘鲁的也许会是另一种命运。

马铃薯传入旧大陆

皮萨罗攻陷库斯科城后，于 1535 年 1 月 18 日建立了新首都 "利马（诸王之都）"。1541 年，也是在利马城，皮萨罗在内战中被杀害。

皮萨罗

皮萨罗生前将印加首都库斯科装饰宫殿、神殿的黄金都压成金条运回了西班牙国内。这些从安第斯百姓手中掠夺来的金银，很快被挥霍殆尽，只是为他的祖国招致了一场通货膨胀。比起这些扔进历史长河里连个响声都听不见的"纪念品"，同时期被带回来的马铃薯，才可谓是"真正的礼物"，在发生战乱或饥荒等关键时期，屡屡扮演了欧洲人民的拯救者。

翻看马铃薯的历史，就是在翻看一部欧洲史。下一章我会具体来说。

第二章

从秘鲁启程
去往旧大陆
马铃薯走向
新世界

1 马铃薯的传播者

经由默默无闻的百姓之手

1533 年，印加帝国被西班牙人征服，彻底走向了灭亡。波托西银矿山开采出的数量庞大的白银，被西班牙人悄悄运回了自己国家。同时被装袋上船的还有马铃薯。之后历经周折，马铃薯终于在旧大陆生根发芽，成为"穷人的面包"，拯救了饱受饥饿折磨的欧洲人民。

拉里·朱克曼在他的著作《马铃薯拯救了世界》中这样写道：

马铃薯被西班牙人带回国是在 1570 年前后。此时距他们在异国第一次见到马铃薯，已有 30 余年。最初，马铃薯是作为珍贵的纪念品，被装在口袋里带到大西洋彼岸的。但3年以后，这个贵客便开启了自己在欧洲大陆的闯荡史。第一站，是在塞维利亚（西班牙的城市）的医院，成为患者的食物。

接着，朱克曼讲述了马铃薯在欧洲的普及：

1600年，在欧洲周游了30年的马铃薯，成功地把自己的足迹印到了西班牙、意大利、奥地利、比利时、荷兰、法国、瑞士、英格兰、德国，还有葡萄牙和爱尔兰。可是，看似大张旗鼓的扩张，其实也有些名不副实。因为马铃薯在这11个国家中根本没有找到一个可以落地生根的故乡，只不过在菜园里装装样子罢了……不仅如此，种植马铃薯的人也仅限于植物学家或专业研究人员。甚至，他们也不在自己的菜园里种，而是借用贵族或富豪家的院子，象征性地种上一点。

传播始于西班牙

那么，马铃薯是怎样传播开来的呢？这个问题没有确切的答案。比如，说到马铃薯怎样到的英国，就没有定论。有人说是从西班牙出港的船在爱尔兰沿岸触礁，船上正好装着马铃薯；还有人说，是航海家沃尔特·雷利长官（约1552—1618年）带来的。但是，所有提到马铃薯的书籍，都明确记载着"没有确切证据证明是沃尔特·雷利长官带来了马铃薯"。所以，好像最终还是触礁船的说法更有说服力。不管怎样，马铃薯传入英国的时间应该是相对明确的，大约在16世纪中晚期。

德国的马铃薯应该是从意大利或者西班牙传入的。1588年美因河畔法兰克福等城市的植物园种植了马铃薯，而马铃薯在德国的普遍栽培则始于"三十年战争"（1618—1648年）结束之后。

马铃薯传入法国是在16世纪末，到了18世纪才由帕尔芒捷向大众推广，这位帕尔芒捷曾被普鲁士军队俘虏过。

在美国，则是由爱尔兰移民开始了真正意义上的马铃薯种植。也因为这样，马铃薯才被称为"环游世界的食物"。

在美国，马铃薯和独立运动有着不解之缘。独立运动的领导者、后来成为美国第二任总统的约翰·亚当斯（1735—1826年）在给妻子的信中写道：

与其屈从于英国，不如选择最残酷的贫穷。……如果
要接受不公正的对待和令人耻辱的屈服，我们干脆吃马铃
薯喝凉水好了。

朱克曼还介绍说，美国首任总统乔治·华盛顿（1732—
1799 年）于 1767 年在自家的土地上种植了马铃薯，第三任总
统托马斯·杰斐逊（1743—1826 年）早在 1772 年就食用过马
铃薯。此外，他还在书中指出了一个有趣的现象。

1795 年大饥荒时期，并没有记录显示英国国王乔治三
世在位时的皇室成员用马铃薯代替面包充饥。通过英美两
国的这一不同表现，我们可知马铃薯在全球的不同命运，
其实早在这个时期已经定下基调。

在美国，马铃薯扮演了独立军配给食品的重要角色。美国
是少数几个对马铃薯没有偏见和诋毁的国家之一。

16 世纪末，荷兰人从爪哇岛的雅加达将马铃薯带入了日本。
马铃薯的日语名字相当于"雅加之薯"，就是取其音而得。

马铃薯后来成为"穷人的面包"，拯救了无数处于饥荒中

的民众。但是，正如上文所述，马铃薯到底于何时、经何种途径在世界上传播、普及，没人能说得清。经无名的普通人之手传向世界，维持着普通百姓的日常生活，这一点，倒也很符合马铃薯的特性。

在寒冷地带也能种植，是马铃薯强大生命力的体现。正是这一特性，才使它得以遍布全世界。原产于安第斯4000米高地的马铃薯，不畏北欧的严寒，结出了丰硕的果实。而且它的块茎深藏地下，避免了鸟类的啄食、糟蹋。

此外，高产量也是促进马铃薯普及的重要原因。《国富论》的作者亚当·斯密曾高度评价说"相同面积的耕地，马铃薯的产量是小麦的3倍"。而且马铃薯品种改良后，可以一年种多次，且富含淀粉、无机质（磷、钾）、维生素C，在寒冷的国家肩负着"冬季蔬菜"的重任。现在，马铃薯和小麦、水稻、玉米并称世界四大粮食作物，在100多个国家都有种植，但能在赤道至北极圈范围内广泛种植的只有马铃薯。

各国马铃薯的叫法

最早接触马铃薯的西欧人是西班牙人。他们听到中南美洲的当地人叫马铃薯"帕帕"（papa），就把这种叫法传回了西班牙。可是"帕帕"还有罗马教皇的意思，实在有失礼貌，于是就改成了相近的"帕塔塔"（patata）。意大利语里也是"帕塔塔"（patata）。英语的 potato 来自同一语源，在英语中为了避免和红薯混淆，有时也把马铃薯叫作"爱尔兰马铃薯（Irish potato）"或"白薯（white potato）"。瑞典语里的马铃薯也和"帕塔塔"（patata）同源，叫作"帕塔提斯（potatis）"。

马铃薯营养十分丰富，在有些国家被称为"地下的苹果（或地下的梨子）"，认为它可以媲美苹果。在法国，马铃薯叫"地下的苹果（pomme de terre）"。"pomme"指苹果，"terre"则是土地的意思。荷兰也类似，把马铃薯叫作"土苹果（aardappel）"。"aard"是土地，"appel"是苹果之意。瑞典语里的马铃薯叫"地下的梨子"（jordpäron）。"jord"是土地，"päron"是西洋梨的意思。

德语里把马铃薯叫"Kartoffel"，这是由意大利语中松露（tartufo）这个词演变而来的。在南美第一次见到马铃薯的西班牙人，看它的形状和松露这种长在泥土中的珍稀菌类相似，错把马铃薯认成松露，也情有可原。俄语中的"Картóфель（kartofel）"应该是由德语而来的外来语。德语中马铃薯也叫

"Erdapfel"或"Erdbirne"。前者是"地下的苹果"，后者是"地下的梨子"。

在中国，马铃薯一般叫"土豆"，也叫"马铃薯"。

2　在欧洲普及

战火纷飞的世纪

翻开世界历史年表，我们会发现马铃薯从旧大陆向世界各地传播的17—18世纪，欧洲战火频仍，整个17世纪，只有4年时间是和平的。

加上这一时期气候异常，处于小冰河期，整个欧洲饥荒肆虐。

首先，我们来说说"战争与马铃薯的普及"吧。

1618—1648年的三十年战争，是源于德国国内宗教纠纷、新旧两派信徒对立，最终导致欧洲多国卷入的一场大规模混战。战争从1618年持续到1648年，被称为"最大规模的宗教战争"。神圣罗马帝国皇帝和保皇派的天主教徒得到西班牙的支持，新教徒一方则有丹麦、瑞典、法国加盟。德国成了战场，土地荒芜，人口几乎减半。

　　由于耕地严重荒废，德国农民食不果腹，在战争结束后很多年里一直饱受饥荒之苦。那时候他们靠吃野草、树皮勉强续命，连重要的家畜爱犬也不得不杀掉填肚子。这种在绝望深渊里挣扎的生活，让他们只能抓住"种植马铃薯"这根稻草。战后的极度贫困迫使他们克服了对马铃薯

Ifrael ex. Cum Priuil. Reg.

in ces Voleurs infames et perdus ,　　Monftrent bien que le crime (horrible et noire engeance)　　Et que cest le Deftin des hommes vicieux
se fruits malheureux a cet arbre pendus　　Eft luy mefme inftrument de honte et de vengeance ,　　Defprouuer toft ou tard la iuftice des Cie

三十年战争，被处死的士兵

的迷信，马铃薯终于得以普及。也是从这时起，德国引以为豪的马铃薯文化开始萌芽。

（加茂仪一著《食物社会史》）

1756—1763 年的七年战争也和马铃薯有很深的渊源。奥地利的玛丽娅·特蕾莎女王获得了法国和俄国的支持后，于 1756 年向宿敌普鲁士及它的同盟国英国开战。这场战争持续到 1763 年，属于争夺殖民地的英法战争的一部分。在法国积极推广马铃薯的帕尔芒捷在七年战争中被普鲁士俘虏，做俘虏期间因为马铃薯才活了下来的他，深刻体会到了马铃薯的营养价值。

人们普遍认为马铃薯能在法国站住脚，是英法战争的结果。此外，也有英国士兵把马铃薯带到弗兰德尔地区的说法。不过，还有另一种说法，认为马铃薯的普及是因之前的三十年战争。

浅间和夫说，这场持续了七年的战争，和普鲁士对战的瑞典军没有什么值得称道的战果，士兵回国时只带回了马铃薯，所以也称这场战争是"马铃薯战争"。（《马铃薯第 43 章》北海道报社）

可是，营养丰富且高热量的"冬季蔬菜"马铃薯能被带回瑞典，这难道不是最好的战果吗？住在瑞典斯德哥尔摩的兼松麻纪子说："在瑞典，比起蔬菜，马铃薯更像是主食。它和面包一起出现的时候，面包反而是配角。最近受到国际化的影响，大米、空心粉、古斯古斯面等过去不常吃的东西逐渐增加，马铃薯的主食地位慢慢降低。但由于便于保存，一年四季都能吃得到。晚餐在家、午餐在外都要好好吃的人，一般一日两餐都会吃到马铃薯。"

通常 1778 年的"巴伐利亚王位继承战争"也叫"马铃薯战争"。普鲁士和奥地利两国都以摧毁对战国的马铃薯田作为重要战略。由此不难看出，在这场战争中马铃薯是胜负的决定性因素。

饥馑与马铃薯

接下来，我们看看接二连三遭遇灾荒和饥馑的人们是怎样让马铃薯走上餐桌的。

那场令欧洲人民深陷苦海的严寒期——"小冰河期"，起于何时终于何时，有诸多说法。在此，我们姑且赞同 1550 年至 1850 年的这种划分方法。不过，需要提醒的是，其实 1850 年以后，严寒也不时袭击欧洲。

　　小冰河期期间，法国分别在 16、17、18 世纪遭遇了 13、11、16 次饥荒。其中 18 世纪最为严酷。1709、1725、1749、1755、1785 以及 1788 年，饥荒接踵而来，让百姓苦不堪言。著名的法国大革命（1789 年）就发生在这样的饥馑和灾荒肆虐的年代。

　　当时，英国也苦于气候异常。英格兰的冬季平均气温"从 1740 年开始下降，1780 年下降到接近 17 世纪的 1680 年的气温，那可是有观测记录以来 17 世纪最冷的年份"。（铃木秀夫著《气候变化与人类》）

　　1793 年英国遭遇了前所未有的荒年，罪魁祸首是持续的降雨和雾气。小麦的价格上升为 1 夸脱（约 291 升）50 先令。1795 年，灾上加灾，小麦价格猛蹿到了 180 先令。于是，面包也跟着涨价，几年前买 4 磅（约 1.8 千克）面包需要 6—8 便士，到了 1795 年，花 12 便士也买不到了。而这时工人的工资一周只有 8 先令左右。老百姓已经快被逼上绝路了。（注：1 先令 =12 便士）

　　面对如此困境，英国政府采取了奖励扶持马铃薯种植的政策。首相皮特（1759—1806 年）亲自为马铃薯面包做宣传，说它松软美味营养丰富。于是从 1795 年开始，英国城乡劳动者家里的餐桌上慢慢出现了马铃薯。到 19 世纪末，在英国，马铃薯已经荣升为"可以和小麦面包平分秋色的日常食材之一"（加茂仪一著《食物社会史》）。有记载显示，英国 1881 年每人平均一周的马铃薯消耗量为 6 磅（约 2.7 千克）。

最早把马铃薯作为主食的是爱尔兰人。托马铃薯的福，这个岛上人口大增。1780 年约 400 万人的爱尔兰到 1841 年人口翻倍，约有 800 万人。朱克曼说："爱尔兰人口暴增和马铃薯大范围普及的起始年份一致。"但是，由于过度依赖马铃薯的种植，爱尔兰在 19 世纪中叶遭遇了"马铃薯饥荒"。这场导致 100 万人饿死的饥荒我们会在第 3 章详述。

除了爱尔兰，荷兰等其他国家的农民们也是顾虑重重、满腹狐疑地开始种植马铃薯。《西欧农业发展史》（斯利彻·范·巴思）里介绍了一组耐人寻味的数字。

克伦德特（荷兰城市）附近的领地在 1739 年以前从未种植过马铃薯。就在 1739 年这一年，一个男子率先在 0.6 公顷的土地上种了马铃薯。斯利彻·范·巴思在书里写道："这个男子不是一般的农民，他看起来更像个投机者。"到了 1741 年，种马铃薯的农民增至 3 人，种植面积 2.8 公顷。1742 年仍是 3 人，种植面积为 6.5 公顷。

　　巴思分析道："是 1740 年的农作物歉收，才促使一部分农民在 1741 年和 1742 年开始尝试种植马铃薯的。"其实，其他的地方也是一样的情况，都是由于谷物收成不好，农民才不情不愿地开始种马铃薯。

　　19 世纪，饥荒依然在欧洲张牙舞爪四处游荡。其中尤为惨烈的是 1845—1849 年的"最后的大饥荒"。当时欧洲绝大部分国家遭遇了气候剧变，在残酷的自然面前，人类深切地认识到自己的渺小。据说 1847 年普鲁士部分州三分之一的人不得不放弃面包，只靠马铃薯度日。（前川贞次郎、望田幸男著《世界历史 16——欧洲的世纪》）

第三章

地狱之岛

——

爱尔兰

1 英国统治与马铃薯

石岛

暗灰色的天空和大海，在地平线附近海天一线，浑然相接。我们乘快艇一路驶去，目的地是阿伦群岛的中心岛——因希莫尔岛。爱尔兰受北大西洋暖流影响，号称一年有 200 天下雨，今天这灰蒙蒙的阴雨天在这里司空见惯。

阿伦群岛位于爱尔兰西海岸，由散布在戈尔韦海湾中的因希莫尔岛、因希曼岛、因希埃尔岛组成。主岛因希莫尔岛的面积约有 39 平方千米，人口只有 1000 人左右。

我们从爱尔兰本岛坐快艇 40 分钟左右到达因希莫尔岛。这里岛如其名，是个石岛。什么是石岛？大概在 1 万多年前冰川期结束，巨大的冰块消融使岛上的土地松动并随着冰块沉入海底，岛上只留下岩石底盘和石头。

　　很久以后，不知具体起于何时，在这个岛上定居的人们开始将石头敲碎，用碎石和海里打捞上来的海草、沙砾以及海风吹来的沙土混合在一起，一点点建起了农田，播种耕地。据说这种做法要花整整 7 年时间才能积累大约 10 厘米厚的土地，真是一项难以想象、漫长艰辛的作业。

　　为了避免宝贵的土被风吹走，人们用敲碎岩石底盘而得的石头垒墙，把田地围了起来。为了防止这种人工垒砌的围墙被大风刮倒，也为了保障农作物能通风透气，人们特意在每块石头之间都留了小缝隙。阳光从这些缝隙间照进来，缕缕光束绘出美丽的纹样，被称作"石上蕾丝"，十分梦幻。

　　16 世纪以后，人们开始在这些围着石垣的地里种植马铃薯。这种喜寒抗冷的作物，比谷物更适合爱尔兰这片贫瘠的土地，连爱尔兰特有的多雨天气也影响不了它的生长。而且，马铃薯收获后，不像谷物那样需要脱谷壳，只要有深口锅和随处可见的泥煤就可以做熟，所以深受岛民喜爱，成为当地人饮食生活的重要支柱。

　　岛上种田主要是女人们的活儿，男人们要划着用动物皮革制成的小船去大西洋上捕鱼。剧作家约翰·米林顿·辛格在独幕剧《骑马下海的人》(1904 年首演)中描述了岛上严酷的生活。出海的男人们常常会遇到不测。为了便于确认遇难者是谁，各家各户都会用没有去脂的毛线在男人们的毛衣上织出自己家特有的图案，这就是有名的阿伦编织（阿伦毛衣）。

我在脑海里描绘的因希莫尔岛，应该处处都是马铃薯田，没想到结果却大大出乎我的意料。现在，人们嫌种地太麻烦，石垣围住的土地大多用来放牛或者闲置了。

在岛上的居民罗卡家附近，我好不容易找到一片马铃薯田，听主人说是 4 年前开始种马铃薯的。在这片祖先们面朝黄土背朝天辛辛苦苦用石头围建起的土地上，即将丰收的马铃薯绿叶连绵，生机盎然。不知为什么，眼前的这一幕，让我感到一丝莫名的安慰。听岛上人说，现在种东西的土和肥料都是从爱尔兰本岛买来的，甚至有人说从本岛买现成的马铃薯要比自己种还便宜。

岛上的光景，变了。

爱尔兰 1973 年加入了欧盟（EC，现 EU），近年来经济形势良好。以电子、电器、化学等制造业为主，2004 年的出口额达 1042 亿美元，进口额为 614 亿美元，贸易顺差达到历史最高水平。在快艇开通后，因希莫尔岛的大部分居民都涌入爱尔兰本岛工作，只有周末才回家。特别是随着这10年间（译者注：1998—2008）观光热、探秘热的出现，因希莫尔岛码头附近新建的酒店、纪念品商店也如雨后春笋，就连原本是纯手工的爱尔兰毛衣，也出现了机织品。

可是，即使这样，只要站在这里的海边，迎着吹来的海风和卷起的浪花，依然可以清晰地回望孤岛时代的阿伦群岛曾经历的严酷岁月。虽然马铃薯种植风光不再，但石垣环绕的田地仍在，小岛还是辛格笔下的模样。

英国的残酷统治

我从石岛开始了爱尔兰之旅。爱尔兰素有"翡翠岛"或"绿岛"之称，在东部和南部有广袤的农田绿地。而从距东海岸的首都都柏林约300千米以西的戈尔韦郡开始，田园骤然变成土石相间的大地。以西部为主，这个国家七分之一的土地是泥炭地。

爱尔兰东部和南部的农田盛产小麦。这里湖泊秀美，森林茂盛，温暖的海流带来湿润的空气和丰沛的降水，还常常能看见彩虹挂在空中。在风景如画的大自然里，万物有灵，爱搞恶作剧的红帽子精灵们和人类相依相存。这片土地，孕育了多姿多彩、包容温和的古凯尔特文明。

　　欧亚大陆东端的孤岛——日本和西端的爱尔兰岛两两相望，生活在日本的诗人，把对爱尔兰的向往吟成了诗。

　　　　　乘着汽车

　　　　走，去爱尔兰那样的乡间，

　　　　庆典上，遮阳伞起舞翩翩，

　　　　艳阳下，有雨滴敲打伞面。

　　　　走，去爱尔兰那样的乡间，

　　　　车窗上映着自己的脸，

　　　　一路相随，山高路远，

　　　　蹚过湖水，穿过隧道，

　　　　遇见异域模样的少女和老牛。

　　　　走，去爱尔兰那样的乡间。

　　　　　　　　　　　　　　（九山薰诗集《幼年》）

　　可是，就是这样的爱尔兰，却遭受了英国人的残酷统治。12 世纪初爱尔兰国内陷入王族权力之争，英国国王亨利二世（1154—1189 年在位）趁机派兵入侵爱尔兰（1171 年）。英国承认康诺特首领罗里·奥康纳对爱尔兰的统治权，但提出了各种军事政治上的要求，比如罗里必须负责向其他领主征缴赋税给英国进贡。面对英国的压迫，爱尔兰人民奋力反抗，这是一段持续了将近 800 年的抗争、受难史，也是新教徒（英国）对天主教徒（爱尔兰）的无情镇压史。

这段历史中，狂热的清教徒奥利弗·克伦威尔（1599—1658 年）通过近乎残酷的政令，在短短几年内便完成了宗教改革，对英国国王查理一世处以极刑并建立了共和政体。

1641 年，爱尔兰天主教徒起义，反抗英国的统治。传言英国本土有 2000 多新教徒移民在混战中被杀害。为了复仇，克伦威尔率领 2 万人的精锐部队对爱尔兰天主教徒大肆屠杀。他们接二连三地攻陷天主教教会组织，没收教徒的财产。农田几乎全部落入英国人之手，爱尔兰人只能沦落为英国地主家的租农。17 世纪初期，天主教徒拥有爱尔兰全国土地的 59%，到了 18 世纪初只剩下 14%。而且，爱尔兰人还被赶到了满是岩盘和碎石的西部地区。

而位于爱尔兰岛西部的康诺特，是这个岛上生活条件最艰苦的地方。

除了恶劣的自然条件，还有各种严苛的法令。比如，1695

年颁布的异教徒刑法，规定天主教徒不得参军或担任公职。新教女性若与天主教男性结婚，将失去原本属于她的土地，土地划归女方亲戚中的新教徒所有。

当然，爱尔兰人的反抗也从未间断。比较典型的一起事件是发生在 1798 年的反英起义。反抗组织"爱尔兰人联合会"以塔拉丘为据点，发动武装起义，结果失败了。19 世纪民族主义者丹尼尔·奥康奈尔（1775—1847 年）为了天主教徒的解放，也曾在塔拉丘召开"百万人大会"。

塔拉丘，是爱尔兰人的"圣地"。

2 大饥荒和移民

马铃薯饥荒

成为英国地主租农的爱尔兰农民用三分之二的田地种了小麦，这部分收成几乎全要上缴英国地主。他们自己怎么生活呢？就只能靠马铃薯了。他们在剩下的三分之一贫瘠的土地上种了马铃薯，以此度日。

传说 16 世纪末传入爱尔兰的马铃薯，在满是岩盘的爱尔兰充当了"穷人的面包"。几乎不费什么工夫，1 公顷土地就可以产出 17 吨马铃薯，所以有人干脆把马铃薯田称为"懒人床"。马铃薯、牛奶和黄油为农民生活提供了保障，所以这个国家的人口从 1760 年的 150 万人，吹气球似的增加到了 1841 年的 800 万人左右。可就在这当口，一场堪称"1348 年黑死病以来欧洲最惨事件"的"马铃薯饥荒"（爱尔兰语 An GortaMor，英语 The Great Famine）不期而至。

关于这场让爱尔兰人民坠入地狱般的饥荒，《改变历史的植物种子》（亨利·霍布豪斯）、《改变历史的气候大变迁》（布莱恩·费根）里均有详细记载。

大饥荒的原因是"马铃薯病害"。这种起源于美国的病害 1845 年 7 月在比利时被首次发现，8 月便扩散到巴黎和德国西部的莱茵地区，同月末登陆爱尔兰岛。

> 这种病害来势凶猛，扩散迅速，菌卵一般在马铃薯的茎叶上及周围的土里繁殖。病害最初呈黑色斑点，逐渐长出绒毛，会导致作物迅速腐烂，生长中的块茎变色软烂。人们常常因为闻到腐臭味，才发现马铃薯得病了。
>
> （《改变历史的气候大变迁》）

感染迅速，是这种病害的特点。

　　1845 年一个男人准备到科克的亲戚家住一周。南下的路途非常顺利。可是回程中，他曾路过的某教区像被雾笼罩了一样，地里种的作物全都枯萎了，黑乎乎的一片。

　　　　　　　　　　　（《改变历史的植物种子》）

　　当时欧洲种植的马铃薯对这种病害的抵抗力弱，特别是爱尔兰的卢姆伯品种最容易感染。再加上气候变化，真是雪上加霜。

　　1845 年，爱尔兰因马铃薯病害导致的减产已经平均达到 40%。这一年夏天的湿热天气和多变的风向，把马铃薯病害的病菌带到了全国各地的农田。

　　1846 年，因为人们把种薯都吃光了，马铃薯种植面积缩小了大约三分之一。这年，马铃薯病害于 8 月初出现，在风的助力下迅速传播开来，到了收获季节又遇上暴雨和雾气。伦敦《泰晤士报》曾报道的"马铃薯颗粒无收"，说的就是这一年。

　　尽管 1847 年马铃薯获得了丰收，但由于种薯不足，种植量只有以往的五分之一，导致饥荒仍在继续。1848 年 2 月降了大雪，但五六月天公作美，给人们带来了一丝希望。可惜 7 月多雨，马铃薯病害又一下子传播开来，随之而来的是和 1846 年情况一样的灾年。辛苦的劳作化为乌有，农民们纷纷逃荒到美国等海外国家。甚至有传闻说，剩下的人靠吃宠物、吃杂草甚至吃人，苟延残喘，惨状堪比地狱。

布莱恩·费根在书里这样写道：

> 我们无法查清究竟有多少人在"大饥荒"中丧生。根据 1841 年人口调查记录显示，当时爱尔兰居住人口为 817 万 5124 人。这个数字到 1851 年减少到了 655 万 2385 人。按当时人口调查委员的计算，如果是正常的人口增长率，总人口应该超过 900 万才对。也就是说有大约 250 万人的缺口。其中 100 万人移民他国，剩下的大部分是西部人口，死于饥荒和随之而来的疾病。以上这些数字还是保守估计。

印度经济学家阿马蒂亚·森（1998 年诺贝尔经济学奖获得者）在接受《东京新闻报》采访时（1999 年 1 月）很明确地表示："引发饥荒的不是粮食不足，如果能让穷人有买得起食物的收入，就可以杜绝饥荒发生。"

"饥荒是社会性的产物。"这是森的研究结论。9 岁那年，

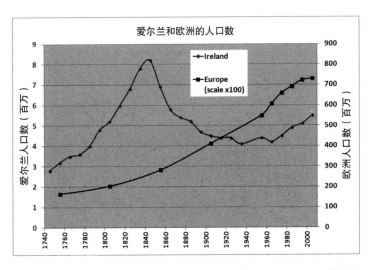

1750 年起爱尔兰与欧洲人口变化（显示了 1845—1849 年马铃薯饥荒的惨状）

他目睹了 300 万人饿死的"印度·孟加拉大饥荒"，这促使他后来走上了研究经济学的道路。

那么爱尔兰饥荒的根源何在？人们普遍认为爱尔兰的马铃薯饥荒是因单一种植（只种马铃薯）而引起的。可是，爱尔兰人被英国侵占了土地和作物，只有遍布碎石和岩盘的有限土地可以耕种，留给他们的，只有种马铃薯这唯一的选择。

其他欧洲国家虽然也马铃薯颗粒无收，却因有其他作物补

救，从而逃脱了陷入饥荒的厄运。更过分的是，即便在爱尔兰
饥荒最严重的时候，还是有一艘艘满载着粮食的爱尔兰船驶向
英国。正如森说的那样，如果穷人有钱买食物，这场饥荒毫无
疑问是可以避免的。这是一场不折不扣的"社会阶层制造的饥
荒"，是"英国人一手造成的饥荒"。

《离乡》

作家利亚姆·奥弗莱厄蒂（1896—1984 年）有一本小说《离
乡》（1924 年）描写的是背井离乡的爱尔兰人逃难到美国的辛
酸史。这个短篇小说的背景是爱尔兰农村（奥弗莱厄蒂出生的
阿伦群岛）。长子麦克离开爱尔兰去美国的前夜，和父亲菲尼
强忍着离别的悲伤在院子里说话。

父亲一言不发，嘴唇微张，仿佛若有所思地抬头望着
天空。忽然又好像想起什么，叹了口气。

"求您了，现在千万别泄气，难日子还在后头呢。"
儿子说。

"哑。"父亲故意啐了一口说，"谁泄气了？你是不

爱尔兰移民船

是穿件新衣裳就觉得自己能耐了？敢用这种口气跟你老子
说话。"

　　说完，沉默了一会儿，接着用低沉的声音说："我呀，
是想起以前的事儿了。今年开春，我感冒病倒，土豆种子
都是你一个人种的。这事儿没人能比你干得更好。神明明
给了你种田的本事，为啥还要把地从你手里夺走呢，真是
不开眼啊。"

　　"爸！行了，别说了！"麦克有些不耐烦，"这样的

破地，无论谁种也种不出啥，辛苦不说，顶多能勉强填饱肚子。”

　　"嗯，也是。"父亲叹了口气应了一声，接着说，"可是啊，这是属于你的土地呀！到了那里，就是海的那一边……"边说边指着西边天空的方向，"接下来你要到别人的土地上，替别人撅屁股干活儿了。"

　　"这倒是。"麦克小声嘟囔着，目光呆滞地盯着地面又说，"给我送行，能不能说些鼓励我的话啊？"

　　父子二人足足沉默了 5 分钟，一声不吭地杵在那儿。此时他们想要拥抱、流泪、仰天长叹或是让压抑在胸中的愤懑变成嘶吼大喊出来。可是，两个人谁也没动，像和四周寂静的大自然融为了一体，忍着无尽的悲伤和苦恼立在原地，安静地、一脸愁容地。

　　然后，各自回屋。

　　　　　　　　　　　（多湖正纪等译《奥弗莱厄蒂名著集》）

悲痛的记忆

　　"马铃薯饥荒"对爱尔兰人来说，是怎样一种记忆呢？我在路途中问了很多人，人们说起那场悲剧，仿佛发生在昨天，历历在目。

我在爱尔兰西部戈尔韦郡克莱伦布里奇市的酒馆里，遇到了在附近务农的利亚姆·沃尔什。当时还是白天，但酒馆里聚集了众多看赛马直播的人，激烈的赛事和吉尼斯啤酒让大家沸腾了。

这个头发花白、有着圆圆大眼睛的和善农夫就像在说昨天发生的事一样："你问马铃薯饥荒？我爸妈反反复复不知道说过多少回，一个字，饿！家族里大部分人都移民美国了。"

"马铃薯特别好吃，我一天要吃五顿呢。"他说自己现在就种有 6000 平方米的马铃薯。

同住在克莱伦布里奇市的公司白领伊丽莎白·艾格，180厘米以上的高挑身材，脚蹬贴身靴，一副职业女性的打扮。她说："我是在学校历史课上知道马铃薯饥荒的。让人联想起'马铃薯疫病'（Potato Blight）这个词。我们家族从曾祖母那一辈就移民美国了。"

安娜，在这个城市的酒店工作，她来自波兰。当年爱尔兰人蜂拥着移民美国，他们留在身后的这个国家现在依靠波兰和东欧国家输入劳动力。

安娜说："我也很爱吃马铃薯。"

爱尔兰首都都柏林的公司职员查尔斯·麦卡锡说："马铃薯饥荒真是一场可怕的灾难。听说有 150 万人在这场饥荒中死去。我家上几辈老人中，有 3 位长辈移民美国。"他自己也在家附近种了半英亩（约 2000 平方米）的马铃薯。"自己种比买的便宜，种种地还可以调节一下生活。"

文学与马铃薯之城

走在都柏林的街头，不由会被一种奇妙的感觉包围："啊，这完全是一座文学和马铃薯的城市。"

先说说文学吧。我订的酒店在奥康奈尔大街，紧挨着的小巷里立着一尊詹姆斯·乔伊斯的像。乔伊斯 1882 年生于都柏林，也在这里长大，1941 年去世。他留下了许多脍炙人口的作品。比如短篇小说集《都柏林人》，描写了都柏林中产阶级的生活和他们精神上的痛苦。他的代表作还有《尤利西斯》等。礼帽配手杖，目光透过挂在鼻尖上的眼镜投向天空，乔伊斯的雕像散发着一种爱尔兰人特有的乖张、戏谑，又略带讽刺意味的气息，让人一看就禁不住惊呼"乔伊斯就该是这样"。都柏林是《尤利西斯》《都柏林人》等作品的背景地。都柏林还有詹姆斯·乔伊斯中心、乔伊斯塔等诸多和乔伊斯有渊源的地方。

诺贝尔文学奖获得者塞缪尔·贝克特（1906—1989 年）以戏剧《等待戈多》闻名于世，他就读过的圣三一学院就坐落在都柏林的市中心。这所大学的图书馆建于 1592 年，传说贝克特去过的图书馆二楼，有一间长 65 米的长厅，收藏着以古籍为主的近 20 万册藏书。写下名著《格列佛游记》的爱尔兰文学巨匠乔纳森·斯威夫特（1667—1745 年）的胸像，也放置在这间屋子里。

除了贝克特，还有乔治·萧伯纳（1856—1950 年）、威廉·巴特勒·叶芝（1865—1939 年）、希尼（1939—2013 年）一共 4 位爱尔兰籍诺贝尔文学奖获得者。爱尔兰当之无愧是"文学之国"。

究其原因，是爱尔兰文化的土壤里积淀了深厚的凯尔特文明，其丰富的想象力和奇幻的神话色彩，至今仍保留着强大的生命力。在今天的爱尔兰，精灵依然"活着"，临近爱尔兰丁格尔海湾的山路上，现在还能看到"小精灵正在过马路"的交通标识。

爱尔兰最伟大的诗人叶芝在他的诗作中浓墨重彩地展示了

"凯尔特元素"。例如：

> 来吧，人类的孩子！
> 到湖边、山谷和森林里来
> 和精灵手牵着手
> 这世上啊，有太多你想不到的哭泣
>
> 　　　　　　　　　　　（《被偷走的孩子》）

　　信奉大自然万物有灵的凯尔特文明，给了爱尔兰人一双慧眼，不仅能看清现实世界，连超自然的世界也看得真切。这双慧眼看到的一切，给爱尔兰人带来了力量，在之后残酷的历史中，尤其是在经历了英国将近 800 年横征暴敛的统治和惨绝人寰的"马铃薯饥荒"后，爱尔兰人变得愈加坚强。这双慧眼所及之处，还诞生了无数的名篇佳作。可以说，正是残酷的历史淬炼出了不屈不挠的爱尔兰精神。

　　说完文学，再说说马铃薯。在这个城市里，各大超市均有马铃薯出售。此外，背街小巷的早市、夜市上，也随处可见马铃薯。零卖的，5 千克一袋的，10 千克一袋的，还有 25 千克一大袋的。

"小精灵正在过马路"交通标识

　　爱尔兰年人均马铃薯消费量（2003年）是119.7千克，是可以和乌克兰（140.3千克）、波兰（130.1千克）、俄罗斯（125.6千克）等国媲美的"马铃薯大国"。而世界平均值是32.9千克。

　　我在爱尔兰的那段时间，不论餐厅还是酒店，每日的餐桌上一定会有马铃薯做的食物。有马铃薯炖菜，也有马铃薯沙拉；分量十足的牛排还要配上同样诚意十足的马铃薯；刚炸出来的

　　"炸鱼和炸薯条"与啤酒堪称绝配。历史走到今天，爱尔兰人和马铃薯的不解之缘还在继续，每个平凡的日子里都有马铃薯的陪伴。

第四章

君主专制

与

马铃薯

1 与腓特烈大帝同在——普鲁士篇

腓特烈大帝

专制君主是一种充满矛盾的存在。君主需要文韬武略集于一身，既有"武"（力量、坚毅）的一面，同时也要有"文"（平和、包容）的一面。普鲁士王腓特烈二世即腓特烈大帝（1712—1786年）就是一位典型。

1525年条顿骑士团大团长阿尔布雷希特改信新教。他将骑士团领地世俗化后自称普鲁士公国，普鲁士也因此得名。1701年勃兰登堡选帝侯兼普鲁士公爵腓特烈三世（译者注：选帝侯是一种高级爵位称号）获得王号，成为普鲁士第一任国王，自称普鲁士王腓特烈一世。他就是腓特烈大帝的祖父。

第二任普鲁士国王是被称为"士兵国王"的腓特烈·威廉

腓特烈大帝

一世，他亲手打造了可以与欧洲列强抗衡的强大军队。受父亲影响，腓特烈大帝也是个不折不扣的"武将"，戎马一生。大帝 1740 年即位，同年 12 月就迫不及待地发动了第一次西里西亚战争（1742 年结束），攻打素有"奥地利矿产宝库"之称的西里西亚。接着侵犯了中立的萨克森，挑起了七年战争（1756—1763 年）。这场七年战争，又因同时与奥地利的玛丽娅·特蕾莎、俄罗斯的伊丽莎白一世女王、深得法国国王路易十五宠爱的被戏称为"裙子陛下"的蓬帕杜夫人三人为敌，也被视为一场"贵妇之战"。人们把三国反普鲁士包围圈又称"三条裙子战术"。虽然战事艰难，腓特烈最终依靠巧妙的战术和好运赢得了胜利。他在66岁这一年，即1778年，打了人生中的最后一仗——巴伐利亚王位继承战争。

就是这样一位不折不扣的"武将"，竟也继承了母亲深邃的蓝眼睛和尚文之心。他与启蒙思想家伏尔泰交往密切，还未继承王位就著有《反马基雅维利》一书，是个爱音乐、喜作诗的"文人"。最重要的是，他是一位秉持"君主是国家最大公仆"信条的启蒙君主。

颁布《马铃薯令》

德国因国内宗教改革，曾引发了"三十年战争"（1618—1648年），西班牙、瑞典、丹麦、法国等国都介入其中。战火几乎燃遍了德国全境，农民失去耕地，生活陷入困苦的谷底。被逼到绝境的农民们已经顾不得什么"吃了马铃薯就会得传染病"的迷信说法。17世纪中叶，巴登、弗兰肯、萨克森、不伦瑞克、威斯特法伦等德国西部城市均开始种植马铃薯，但东部地区依然将马铃薯拒之门外。

面对这种情况，腓特烈大帝没有回避，积极着手解决农业振兴的问题。他以"扩大耕地""进行农业技术改良和种植新作物""确保农业劳动力"三大政策为支柱，把马铃薯作为新作物的王牌，开始在普鲁士全国大力推广和普及。

之前，大帝的父亲腓特烈·威廉一世也曾下令鼓励种植马铃薯，但收效甚微。于是，在1756年3月24日，大帝对普鲁士所有官员颁布了《马铃薯令》。

请各级官员务必尽力向国民介绍种植马铃薯的益处，让他们从今年春天开始种植这种高营养价值的食材。

如有闲置的土地，一定要种上马铃薯。它不仅营养价值高，而且产量颇丰。不仅要指导农民们如何种植，还要让龙骑兵团及其他雇佣兵监视农民的种植情况。

（德国联邦食品、农业和消费者保护部《颁布马铃薯令250周年［2006年］资料》）

在颁布《马铃薯令》之前，腓特烈大帝从1750年起，便为促进马铃薯种植进行了许多尝试。他在政府办公楼前给农民免费发放马铃薯的种薯；派专人检查从播种到收获的整个耕作过程；针对半途把马铃薯挖出来不种了的农户，会派专人强制性地让他们种回去。大帝的这一系列马铃薯普及政策被称为"腓特烈传说"。当然，传说一般都有夸张的部分，我们需要更客观地看待这些政令。但有强大的政治权力保障，收效还是十分显著的。七年战争期间，马铃薯种植几乎遍及普鲁士全境，军需粮食获得保障的普鲁士军队，也因此成为一支英勇善战、所向披靡的队伍。

腓特烈大帝在1786年8月17日为他74年的生涯画上了句号。在位46年中，普鲁士"领土从119000平方千米增加到195000平方千米，人口从224万人增加到543万人，其中有22万人从军"（饭塚信雄著《腓特烈大帝》）。说到底，支撑普鲁士走上强国之路的原点，不是别的，正是马铃薯。

腓特烈大帝最后的愿望是，生和爱犬同寝，死与爱犬共葬。他就葬在爱犬之墓旁边，墓地在距柏林20分钟火车车程的波茨坦无忧宫内。无忧宫是1745—1747年建造的洛可可风格的华丽宫殿，曾用作大帝夏日的居所。穿过宫殿大门，正面便是喷泉，后面是一大片葡萄架，再往后是宫殿建筑。在葡萄

有人用马铃薯来祭奠腓特烈大帝

架右侧阶梯的尽头便是腓特烈大帝墓，墓碑上只刻有"Friedrich Der Grosse"字样，旁边紧挨着的是大帝爱犬的无名之墓。

听说因为大帝对马铃薯普及做出了卓越贡献，为了纪念他，不时会有人拿马铃薯来祭奠他。

东西冷战期间，腓特烈大帝的遗体曾辗转德国各地，直至德国统一后，终于得以重返无忧宫。

2 农学家的创意——法国篇

帕尔芒捷

同样是绝对王权统治，法国施行的政策与普鲁士"尚武"式的马铃薯普及政策完全不同，是一种抓住了人性特点的"奇计"。登场的主人公是安托万·帕尔芒捷（1737—1813 年）。

帕尔芒捷一生充满传奇色彩。七年战争期间，他是法国陆军随军药剂师，不幸成为普鲁士军的俘虏，被捕后天天吃的都是马铃薯。

安托万·帕尔芒捷

身为农学家又是药剂师的帕尔芒捷，在监禁中对马铃薯产生了兴趣。

他暗下决心："马铃薯营养丰富，多亏了它，我才活了下来。我要用马铃薯来拯救危难中的法国。"

的确如此，法国当时正处危机之中。18世纪共有16次饥荒在法国肆虐，此外还有战争。路易十五在蓬帕杜夫人的鼓动下，加入七年战争的混战，与英国等国对战，结果自吞苦果，失去了北美和印度等国的殖民地。可是蓬帕杜夫人、杜巴丽夫人无视这一切，依旧大肆挥霍，导致国库空虚，招致民众极大不满。与此同时，接二连三的灾荒，使百姓手中连主食小麦都没有了。

为了摆脱困境，法国科学院于1772年向大众征集关于"缓解粮食危机的食物"的论文。奖金丰厚的征文通知，正是帕尔芒捷盼望已久的良机。他立刻撰文投稿，并不出意料地被采用了。

帕尔芒捷的"奇计"也被付诸实施。路易十六和王后玛丽·安托瓦内特向帕尔芒捷提供了巴黎郊外25平方千米的土地，用于马铃薯种植。这片用栏杆围住的土地上，马铃薯叶绿根壮，长势喜人，引来不少人打歪主意。所以白天总有持枪士兵严加看守。

　　这样一来，周围的农民们私下嘀咕："有这么森严的守备，马铃薯味道一定差不了。"

　　到了晚上，看守士兵会故意睁只眼闭只眼，给农民们机会进地里偷窃。有人说这其实是帕尔芒捷的计谋，也有人说是士兵收了好处。

　　结果尝了马铃薯的农民们发现："原来是这个味道，不错！"

帕尔芒捷向路易十六和玛丽·安托瓦内特展示马铃薯作物

马铃薯好吃的消息便一传十，十传百。

帕尔芒捷还发动起了王室。路易十六接受了帕尔芒捷设计的、专门别在衣服扣眼上的马铃薯花束，并且十分喜爱。玛丽·安托瓦内特等贵妇人也将美丽的马铃薯花装饰在发髻或胸前。于是马铃薯花在宴会上风靡一时。

帕尔芒捷还精心研制了以马铃薯为食材的料理。直到今天，法国料理中还把用马铃薯搭配的食物叫作帕尔芒捷。比如：帕尔芒捷焗肉（马铃薯泥焗牛绞肉）、帕尔芒捷式蛋包饭、帕尔芒捷式浓羹、帕尔芒捷式肉料理等。

法国大革命

法国大革命（1789 年）推翻了波旁王朝专制统治，破除了封建社会秩序，是世界史上首次真正意义上的市民革命，也是拉开西欧近代史序幕的一场革命。大革命期间颁布了《人权宣言》，并且把路易十六送上了断头台。但是，1799 年雾月政变后拿破仑上台，宣告这场"理想与悲剧、流血与牺牲、英勇就义与无耻背叛"交织的大革命结束了。

"我们要面包！"饥荒中苦苦挣扎的女人们向着凡尔赛宫

的这声呐喊，拉开了革命的序幕。正如法国年鉴学派历史学家玛格隆纳·图桑－萨玛特所说，这里的"面包"是一种比喻，是指"解决饥饿问题的食品"。于是渴望"解决饥饿问题"的人们眼前，出现了帕尔芒捷的马铃薯。

发生攻占巴士底狱事件的 1789 年，帕尔芒捷的著作《马铃薯、红薯、洋姜的种植和使用方法》正式出版。如果不是在这个天天和饥饿斗争的时期，恐怕马铃薯不会这么快在法国人的生活里成为重要角色。

玛格隆纳·图桑－萨玛特这样写道：

> 1789 年法国大革命爆发后的状况，正好为马铃薯做了绝佳宣传。国民公会（1792—1795 年）与督政府（1795—1799 年）时期的人们处于极度饥饿的状态，根本不需要什么宣传，"低配版的面包（指马铃薯）"就成了代表平等主义的蔬菜。
>
> （《世界食物百科》）

不过，在宣扬"自由、平等、博爱"的崇高旗帜下，法国大革命其实还有一些不为人知、暴露人性的小故事。马铃薯普及的最大功臣帕尔芒捷由于"为普及马铃薯向法国国王求助"，险些成为政治牺牲品。此外，被逮捕的反革命分子花店老板，竟然因为同意在原本种玫瑰的花园里种上象征爱国的马铃薯而获得了释放。

1799年雾月政变后登上历史舞台的拿破仑，也很重视帕尔芒捷和他提倡的马铃薯推广计划。因为从军事角度出发，他想要打造一支能粮食自给的法国军队。特别是1806年发布《柏林赦令》开始封锁大陆之后，他更加坚定了这一方针，在财政上大力支持帕尔芒捷的马铃薯推广计划。拿破仑时代，法国马铃薯生产量不断增加，几乎增加到了原来的15倍。（朱克曼著《马铃薯拯救了世界》）

3 克服抵抗——俄罗斯篇

迟来的普及

在俄罗斯，马铃薯主要是通过专制统治下的开明君主引进的。接下来我想引述《面包与盐——俄罗斯饮食生活的社会经济史》（R.E.F.史密斯、D.克里斯汀）一书，回顾一下俄罗斯的马铃薯历史。这本书备受赞誉，"这是对饮食这一俄罗斯生活重要组成部分中被忽视领域的开拓性研究""谈到俄罗斯饮食生活时必会提起的书"。

1697 年，开明专制君主彼得大帝（1682—1725 年在位）为实现俄罗斯近代化，派出了 250 人的"使节团"前往欧洲。他自己也化名加入其中，在英国、荷兰的造船厂当工人学习技术。其间，彼得大帝爱上了马铃薯这种食物，装了一整袋种薯运回国内，下令让俄罗斯人开始种植。彼得大帝在位期间，组建了新的正规军，进行了 53 次征兵，招集了 28.4 万名士兵。彼得大帝一定是考虑到如要在农作物歉收、谷物持续不足的俄罗斯实现强兵计划，马铃薯是不可或缺的重要保障。不过，这一举措到底收效如何，历史上没有留下确切的资料。此外，有关马铃薯的传入，也是众说纷纭，"参加了七年战争的士兵们从普鲁士回国时带回了马铃薯，才使它得以广泛普及"便是其中一种。

之后，俄罗斯元老院于 1765 年颁布了元老院令，"努力扩大马铃薯种植"，但收效甚微。

因为当时种植的品种不仅个头小，还带苦味，只能烤

在荷兰的造船厂与工人们一起劳动的彼得大帝

来吃而不能煮。想要煮好的马铃薯的味道好吃，就得抹上
黄油或其他调料，但是老百姓吃不起。加之，旧教徒相信
"马铃薯是'亚当夏娃吃下的禁果'"，认为如果谁吃了它，
就是对神的背叛、对《圣经》的冒犯，死后必定无法升入

神的国度"。因此，当时北俄罗斯的大部分地区仍以芜菁（译者注：大头菜）为主要传统作物，几乎整个 18 世纪马铃薯都没能撼动它的地位。

（《面包与盐——俄罗斯饮食生活的社会经济史》）

即使阻力重重，马铃薯种植还是迈出了第一步，并一步步向前。

1807 年，有作家这样写道："在气候条件恶劣，无法保证谷物收成的地方，俄罗斯人开始积极地种植马铃薯，特别是那些拓荒民。"不管怎么说，马铃薯的栽培总算迈出了第一步。虽然规模十分有限，但在俄罗斯的大部分地区，马铃薯被认可为菜园作物，人们对它也寄予了期望。到了 1840 年饥荒发生的时候，除了以往的松树皮、谷壳、干麦秆、稻草粉等充饥物，马铃薯第一次成了谷物的主要替代品。

（《面包与盐——俄罗斯饮食生活的社会经济史》）

之后，俄罗斯的马铃薯普及之路走得如何？ 1860 年总参谋部对各省进行的调查显示，马铃薯虽然历史不长，但已逐渐成为重要的辅食，取代了一直以来人们习惯的粥。

马铃薯起义

然而，政府并不满意这样的普及速度，一不做，二不休，开始施行强制政策。

19世纪40年代，由于连年歉收，政府尤其是新设立的国有资产部开始以国有地农民（译者注：即耕种国有土地的农民，1836年占全部农民的42%）为突破口，尝试将马铃薯作为主要作物进行大规模种植。

1840年8月，国家下令国有地农民必须在国有土地上种植一定量的马铃薯。为了施行这一政令，国有资产部多次向各地下发文件和记录摘要，正副部长根据有关要求给村民施加压力。

可是，这一做法招致了大规模的抗议。强制种植马铃薯，破坏了人们从事农耕的传统做法。有人担心马铃薯会影响其他作物的收成，也有些尝试种马铃薯的人失败了。天主教徒视马铃薯为"恶魔的苹果"。以上各种因素，导致农民们觉得种马铃薯是一种"强制性劳动"，其中"政府对老百姓最为关心的'菜篮子'强加干预"的做法，成为点燃农民怒火的导火索。

翻译家同时也是著名散文家的米原万里在《旅行者的早餐》一书中，介绍了一桩关于食物保守性的轶事。

17 世纪末，隐瞒身份在荷兰、英国学习的彼得大帝知晓了马铃薯这种食物。他坚信这才是能够拯救俄罗斯的食物，于是在皇室领地上种植马铃薯，把煮熟后的马铃薯大量地送到农民们面前，让他们吃掉。农民们面露厌恶之色不愿吃。在彼得大帝"谁不吃就砍谁的头"的威胁恫吓下，大家只好勉强吃了下去。

激烈反抗

1842 年，反抗强制种植马铃薯的暴动终于爆发了。暴动声势浩大，还造成了人员伤亡。《面包与盐——俄罗斯饮食生活的社会经济史》里记述了暴动的情况。

马铃薯暴动在乌拉尔地区最为激烈，波及范围也最广。1842 年 5 月，维亚特卡省诺林斯奇郡布伊考斯福斯奇村的农民拒绝种植马铃薯，转种了燕麦。还有不少村子的农民殴打并扣押了地方政府的公务员。农民们举起枪、斧头、镰刀进行武装暴动，省内诸郡共有十万农民参加。

6月13日，省长蒙道维诺夫亲自带领拥有两门大炮的300人军队来到布伊考斯福斯奇村，和守在村里的600名农民对峙。几番争执之后，士兵向人群开炮，造成18人受伤。但农民们毫不退缩，蒙道维诺夫只好下令让士兵用来福枪的枪托砸在场的群众，想把他们抓起来。一番漫长的混战后，农民领袖被捕，其他的农民有八分之一受到了鞭刑。布伊考斯福斯奇村农民的反抗到此告一段落。

其他村庄的农民反抗更为顽强，有8名农民被现场击毙，4人受伤致死。

翌年（1843年），政府取消了强制做法，开始走"劝说普及"的路线。长远看，这才是明智之举，也十分奏效。马铃薯种植面积从19世纪80年代中期的157万公顷增加到1913年的339万公顷。

付出了巨大代价后，马铃薯终于在俄罗斯的土地上扎下根来。后来经历两次世界大战、社会主义国家苏联的建立和解体，每每遇到历史性事件，马铃薯都是俄罗斯人民坚强的后盾。

十二月党人起义与马铃薯

俄语中 12 月为 "Декабрь"。1825 年 12 月，首都彼得堡（现圣彼得堡）发生了武装起义，参加这次起义的人被称为 "十二月党人"。起义本身很快被镇压，但马铃薯却借此在西伯利亚的大地上扎下根来，带给俄罗斯人民莫大的福音，所以不妨称这场起义为 "马铃薯革命" 吧。

谋划这次起义的是一群年轻的贵族军官，几乎都参加过 1812 年的卫国战争（反拿破仑战争）和随后的远征，接触了当时远比俄罗斯先进的西欧各项制度和丰富的文化遗产，同时从一起出征的士兵口中也了解到农奴的悲惨状况。1816 年穆拉维约夫等 6 名禁卫青年军官为了 "拯救落后的祖国"，成立了第一个秘密革命团体 "救国协会"。

"救国协会" 1818 年发展为 "幸福协会"，成员增加到 200 人左右。同时协会成员之间也在 "俄罗斯应该施行君主立宪制还是共和制" "应该如何对待沙皇亚历山大一世" 等问题上出现了分歧。

1821 年，为了防范间谍，协会解散，三分为 "南方协会" "联合斯拉夫人协会" "北方协会"。之后，"联合斯拉夫人协会"

又与"南方协会"合并。

1825 年 11 月，亚历山大一世突然在旅途中去世。俄罗斯国内围绕皇位继承问题产生了各种混乱，"北方协会"反对新沙皇尼古拉一世继位，于俄历 12 月 14 日在首都彼得堡的元老院广场起义；"南方协会"紧随其后，29 日在基辅附近举行起义。但起义很快被政府军镇压，佩斯捷利、雷列耶夫等 5 名起义领袖被判处绞刑，121 人被流放西伯利亚。

有人说"没有人民参加的革命必然失败"。这样的说法固然没错，但如果为此而轻视这场起义对之后的历史产生的重大影响，那就大错特错了。他们为了人民利益舍生忘死的精神，是俄罗斯革命思想最初的星火。诗人普希金为他们写下的颂歌，被后人久久传诵。那些甘愿陪伴丈夫一起在流放地西伯利亚受苦的妻子们，也被俄罗斯诗人涅克拉索夫写进了叙事诗《俄罗斯女人》（1872—1873 年）。

流放到西伯利亚的贵族们，在那里第一次深刻体会了真正的农民生活。在严寒逼人的西伯利亚，饥荒是家常便饭。流放到这里的十二月党人认识到，"这里才真的需要马铃薯"。他们让人从遥远的故乡寄来了马铃薯的种薯，开始种植。虽说这恐怕是他们有生以来第一次下地干农活，可是当地农民并不领

情，对马铃薯有些排斥，不吃，也不愿意种。据说他们为了劝
农民们品尝、栽种马铃薯，甚至还自掏腰包给农民钱。

　　皇天不负苦心人。在他们的努力下，马铃薯终于在西伯利
亚大地上扎根并普及开来。虽然政治上的革命失败了，但贵族
青年们成功地改变了西伯利亚贫困农民的生活，这场"马铃薯
革命"赢得漂亮。

马铃薯与迷信

　　马铃薯在欧洲普及过程中遇到了强大壁垒——迷信。

　　在马铃薯传入之前，欧洲大部分地方都没有食用植物地下
根茎的习惯，人们很排斥做第一个尝鲜者。而这种排斥的背后，
其实隐含着当时整个社会对马铃薯的迷信思想和偏见。

　　现在我们看到的马铃薯，形状颜色都很漂亮，但刚传入欧
洲时的马铃薯，形状凹凸难看，颜色也完全让人没有食欲。这
样的外观、颜色，令人联想到各种疾病，于是凭空风传麻风病、
软骨病、肺炎、痢疾、猩红热等疾病都是由马铃薯引起的。更
有甚者，说马铃薯是"春药"，因此人们唯恐避之不及。法国
部分地区议会也因此决定禁止种植马铃薯。偏见之深，抵制之

坚，可窥一二。

加之基督教文化圈里还有文化上的偏见，认为"马铃薯没有在《圣经》中出现，所以吃了它，会受到神的惩罚"。

在这样的环境下，马铃薯还能在欧洲打破成见旧习得以推广和普及，皆因连绵不断的饥荒和战争。食不果腹的人们为解燃眉之急，无奈之下终于慢慢破除迷信和旧观念，接受了新事物。

第五章

工业革命

与『穷人

的面包』

1 工业革命的明与暗

两大革命

在漫长的历史长河中，人类历经多次世界性的技术革命。目前，学术界普遍认可的两大技术革命，一是"农业革命"，一是"工业革命"。

一万多年前，第四纪冰河时期结束，进入间冰期，人类开始在世界上五个地区"能动地"种植一些野生植物，也开始饲养一些野生动物。从那时起，人类进入"农业革命（Agricultural revoltion）"时期。在那之前，人类在"生物圈"这一生物、自然共存的空间里，通过狩猎、采集生存了下来。为了应对第四纪冰河时期结束而产生的新危机（海平面上升造成海岸面积缩小和人口稠密化），人类首次主动地、有意识地对自然进行改造，建造灌溉设施，开垦农田，增加粮食产量，以满足人类生存的需求。这样一来，可以说构建了被称为"人类社会"的"第二自然圈"。之前，"生物圈"中生物与自然之间是互惠关系，相比之下"人类社会"则意味着构建起人类单方面从自然获取的关系。这是人类历史上里程碑式的重要节点。同时，环境问题也从这时开始出现。

另一大革命是"工业革命（industrial revolution）"。18 世纪后半叶开始于英国的这场革命，最初是为了解决当时的能源危机，开始使用煤炭替代木材，并以棉纺织业为中心，迅速实现机械化、大型化的批量生产模式（工厂化机械制造系统）。蒸汽机改良、水力利用升级、棉纺织业的发展，带动了相关钢铁业、矿业的突飞猛进。最终，实现了"机器化批量生产"这一工业革命的终极目标。

工业革命的背景

接下来，我们简单看看工业革命是如何展开的。

欧洲各国由于中世纪时期肆意砍伐森林，16 世纪以后便陷入了严重的森林资源枯竭和匮乏。这个时期，木材不仅是生产生活的主要燃料，也是房屋、水车、风车、桥梁、军事设施、城寨、护栏等的原材料。此外，装运红酒这种重要商品的酒桶、作为重要运输方式的船舶及各种机器都是木头造的。

更出人意料的是，中世纪时期率先破坏森林的竟然是修道院。本笃会、西多会高唱"清贫""贞洁""勤劳"的口号，大举开垦荒地（大部分是森林）。制造教会的彩色玻璃窗需要大量的铁，而精炼铁则需要大量的木材。一座教堂的彩窗，就需要以数千英亩的木材为代价。

英国率先意识到可以用煤炭作为替代木材的能源。下列数据显示出英国的煤炭产量火箭般的增长速度。

1540 年左右，年产量约 20 万吨。

1650 年左右，年产量约 150 万吨。

1700 年左右，年产量约 300 万吨。

正是这场能源来源的改变，吹响了英国工业革命的号角。

英国最先开始工业革命的，不是欧洲传统的毛纺品工业，而是新兴的棉纺品工业。这和关乎当时百姓梦想的"某件事情"密切相关。

17世纪后半叶,英国与亚洲的关系愈发紧密。英国东印度公司等从亚洲运回的茶叶、丝绸、陶瓷器、棉布等琳琅满目的商品深深吸引了英国中产阶级,特别是一种名为"印花棉布"的印度平纹棉布在英国妇女间很受欢迎。如何大量进口这种色彩艳丽、吸汗性好、结实耐用且手感顺滑的印花布,成为全民关注的"热点问题"。

技术革命风起云涌

为了能大量生产棉布,技术人员开始努力进行技术研发与革新。1733年,约翰·凯伊发明了"飞梭"。它被用于棉纺织业,使织布效率提高了一倍。

在纺纱方面,1764年,纺织工詹姆斯·哈格里夫斯发明了一次能纺出8根纱线的多锭手工纺纱机,并用女儿的名字将它命名为"珍妮纺纱机"。

1769年阿克莱特发明了使用水车的"水力纺纱机",1779年塞缪尔·克朗普顿结合阿克莱特与哈格里夫斯的技术优点,发明出改良版水力纺纱机——"骡机"。在此基础上,卡特莱特发明了水力织布机。后来,又出现了以蒸汽机为动力的纺织机器，大大推动了工业革命的进步。

　　之后，发明层出不穷。詹姆斯·瓦特改良蒸汽机，提供了新的动力，将机器与蒸汽动力完美结合。

　　英国的棉花使用量从 1770 年的 325 万磅增加到 1780 年的655 万磅，增长迅猛。1790 年达到 3060 万磅，1810 年已经高

珍妮纺纱机模型

亨利·科特

达 1.24 亿磅。棉纺产业爆炸性的发展，也给相关的制铁行业刮来了春风。亨利·科特发明了利用燃烧煤炭产生的焦炭除去生铁中杂质的"搅炼法"（1783—1785 年），由此铁产量骤然提高。高纯度铁的出现，为制造旋床等工业机床创造了条件，从而建立了用机床批量生产机器的工业化体制。"机器生产机器"，标志着工业革命的完成。

工业革命带来的"消极影响"

实现了能源转换、机械化生产的英国，当仁不让地成了"世界工厂"。尤其是棉纺业，成为国民经济的支柱产业，1802年棉纺品出口额超过毛纺品。当初"印花棉布，人人都有"的愿望，终于实现了。这是工业革命带给英国的"积极影响"。也正是这场革命，把英国带入维多利亚王朝的黄金时代。

但与此同时，这场革命也带来了让人不忍目睹的"消极影响"。有人聚焦"负面"进行口诛笔伐，声讨抗议。比如阿诺德·汤因比（1852—1883年），他出生于伦敦，任教于哈佛大学，同时作为社会改革家积极投身于社会实践。汤因比认为，正是工业革命使工人们陷入贫困。在农业社会转变为资本主义工业社会这一翻天覆地的变革进程中，农民的家庭和原有生活被破坏，没有就业保障的工厂工人们，在充斥着贫困与犯罪的城市里走投无路，成为孤岛。汤因比认为，这些都是工业革命造成的社会问题。他积极参与了伦敦东区贫民区的改造，是睦邻组织运动的先驱之一。

1845年，与卡尔·马克思齐名的社会主义思想家弗里德里希·恩格斯（1820—1895 年）写下《英国工人阶级状况》一书，用犀利的笔触记录了 18 世纪末至 19 世纪上半叶英国经济、社会巨变的全貌，描写了工业革命背景下工人阶级的悲惨状况。这本书作为还原工业革命真相的历史性记录意义重大。

《英国工人阶级状况》

年轻的恩格斯历时两个月，除了伦敦还走遍了曼彻斯特、利物浦、格拉斯哥等城市的大街小巷，深入贫民窟，观察采访人们的生活。在此基础上，收集了大量新闻报道、各类调查报告等资料，进行缜密的分析研究，细致地描绘出工人阶级的真实状况。书中丰富的生活实例，在同类作品中绝无仅有。

先来看"住"：

根据统计协会的杂志记载，1840 年在威斯敏斯特的圣约翰教区和圣玛格丽特教区，共有 5366 户工人家庭居住在 5294 间"房子"里（如果它们可以被称为房子的话）。不分年龄性别，男女老幼共计 26830 人混住在一起。其中四分之三的家庭只有一间屋子。同杂志上还写着，在汉诺威广场的贵族教区圣乔治教区，1465 户工人家庭，共计 6000 人也是同样的居住情况。在这里，三分之二以上的家庭，都是一家人挤在一间屋子里。

再来看"衣"。伦敦某工人聚居区的牧师这样说：

这一带，十户人家也找不出一户的户主有工作服以外的衣服，而且，仅有的工作服也是做工粗糙、破破烂烂的。更过分的是，很多人晚上睡觉，也只有这件破工作服盖，没有被子，也没有床，只能拿塞了稻草和木屑的袋子当垫子。

最后看看工业革命背景下工人阶级的"食"：

通常每个工人的日常伙食据工资高低有所差异。工资较高的工人，特别是一家人都在工厂干活的工人，只要有活干就能吃得还不错。每天有肉，晚饭能吃到火腿和奶酪。而收入最低的工人，只能在周日吃到肉，或一周吃两三回，其他时候吃马铃薯和面包。再穷一些的人家，把火腿剁碎拌在马铃薯里，这是他们唯一的荤腥。还有更穷的，已经吃不上荤菜，只能吃奶酪、面包和燕麦片。到了最下层的爱尔兰人，就只剩马铃薯了。

食物的质和量都与收入息息相关，低收入并且要养一大家子的工人，即使干满工作时间也还会挨饿。这样的低收入工人数量众多。特别是在伦敦，随着人口增加，工人的竞争也越来越激烈，这种现象非常明显。不仅如此，其他所有的城市也是如此。人们开始寻找各种对策，没有其

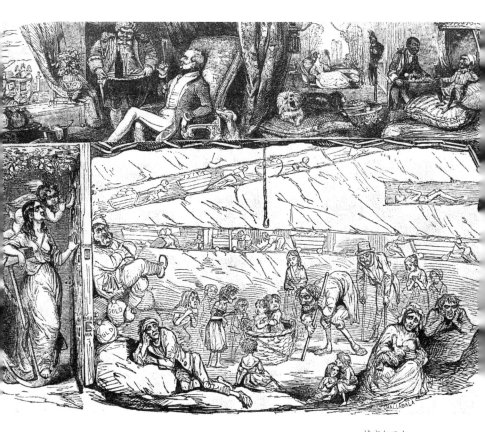

城市与工人

他食物的时候，就吃马铃薯皮、剩菜叶、快坏了的食物，
但凡有一点营养的东西都拿来充饥。

工人家庭的记账本

在工业革命的大环境下，工人家庭的记账本上都记了些什
么呢？英国历史学家雷伊·唐娜希尔在她的《食物与历史》一
书中，为我们呈现了一个 1841 年一周收入 75 便士的家庭的收
支情况。这是一个有着全勤工作的半熟练工人的典型家庭。

4 磅的面包 5 根	17.5 便士
肉 5 磅	10.5 便士
波特（大众饮用的特质黑啤酒） 7 品脱	6 便士
煤炭	4 便士
马铃薯 40 磅	7 便士
红茶 3 盎司、砂糖 1 磅	7.5 便士
黄油 1 磅	3.5 便士
肥皂、蜡烛	2.75 便士
房租	12.5 便士

教育支出	1.5 便士
杂费	2.25 便士
合计	75 便士

她还写道：

19世纪三四十年代，英国工人的工资普遍在每周25便士至2英镑之间。按1840—1841年的物价水平，25便士可以购买6根1.8公斤的面包。这些面包能够满足2个大人、3个孩子的基本食品需求。可是，这样一来就没钱交房租或买红茶，连穷人用来替代肉类的火腿也买不起了。

对于这些工人而言，所谓的"美餐"，就是指做起来简单又能吃饱的热饭。通常情况下，就是在说煮马铃薯配红茶。

因为马铃薯很便宜，大约5便士就能买20磅。估计只有一家之主可以中午在咖啡店吃一个派或一根香肠。到了周末，全家人才会在周日晚上一起吃一顿炖菜配热汤和甜点布丁。这就是穷人家吃的全部内容。虽然也有很多人靠这样的食物颐养天年，但很多人却因此没能全寿。

直到 1850—1860 年左右，英国工人恶劣的生存环境才终于得到改善，收入开始超过其他欧洲国家。

《国富论》与马铃薯

有一个人率先发现了马铃薯的重要性、可推广性与光明前景，并大力提倡马铃薯普及。他就是亚当·斯密。亚当·斯密在《国富论》（1776 年）中写道：

马铃薯在产量上不逊色于水稻，并远胜于小麦。一英亩土地可以收获 2000 磅小麦，可是换成马铃薯，12000 磅的产量也不足为奇。这两种作物做成的食物，按实际营养成分看，由于马铃薯含有水分，有效成分要比实际重量少。可是就算它有一半重量是水分，一英亩土地也可以生产6000 磅有实际营养成分的食物，相当于同等条件下小麦产量的 3 倍。而且，马铃薯的种植成本也比小麦低廉。……同样面积的耕地，种马铃薯可以养活更多的人，劳动者习惯以马铃薯为食之后，所有投入生产、耕作的成本就能全部收回，并且在维持原有劳动支出不变的情况下，获得更

AN

INQUIRY

INTO THE

Nature and Caufes

OF THE

WEALTH OF NATIONS.

By ADAM SMITH, LL. D. and F. R. S.

Formerly Profeffor of Moral Philofophy in the University of GLASGOW.

IN TWO VOLUMES.

VOL. I.

LONDON:

PRINTED FOR W. STRAHAN; AND T. CADELL, IN THE STRAND.

MDCCLXXVI.

《国富论》

多的剩余价值。

　　伦敦的轿夫、挑货工、运煤工,还有靠卖笑为生的女子,想必他们应该是大不列颠土地上最强壮的男人和最迷人的女子。据说他们中的大部分人,都出身于爱尔兰社会底层,终日靠吃马铃薯度日。这就是最好的证明,没有其他任何食物，可以比马铃薯营养更丰富、更有益于健康。

（注：1 磅约合 453.59 克）

　　在连年歉收造成小麦价格持续飞涨、工业革命带来的工人阶级困窘不堪的历史语境中，亚当·斯密推广马铃薯的主张，也逐渐被大众接受了。

亚当·斯密

2　日本的工业革命

恶劣的劳动条件

下面我们来看日本的工业革命。

日本工业革命开始于企业兴起期（1886—1889年），在中日甲午战争（1894—1895年）、日俄战争（1904—1905年）期间迅速发展，并于日俄战争结束后的1910年（明治四十三年）左右完成，实现了日本资本主义的确立。最早以纺织业、制丝业为先锋，随后官营工厂、矿山等也相继出现。

日本工业革命比鼻祖英国工业革命迟了一个多世纪，它主要有以下几个特征：

第一，为了弥补自由竞争的资本主义的不彻底，日本政府对各财阀企业大力扶植、加以保护。

第二，积极引进、学习先进资本主义国家的技术，充分利用"前人栽树后人乘凉"的便捷。

这种"自上而下的工业革命"导致了产业发展不均衡和农业发展滞后等问题。

上述种种强行推进的政策令日本工人陷入了更加水深火热的境地。

想了解这一时期日本工人的生存状态，就要翻开史料《职工纪实》。这是一本工人纪实调查报告，由经济产业省的前身——农商务省的工务课工厂调查组在 1910 年（明治四十三年）完成，菊判（译者注：一种纸张，尺寸 636mm×939mm）五号活字印刷，共有 5 册。它"真实记录了日本工业革命期间工厂工人（职工）的劳动状况以及恶劣的工作环境"，是一部受到普遍认同的史料。

我们先来看看纺织厂的工作时间吧。尽管是昼夜两班倒，但通常要连续工作 11—11.5 小时（除去休息时间），而且不分性别、不问长幼。

　　上下班时间通常是，白班上午 6 点到下午 6 点，夜班下午 6 点到次日早上 6 点。根据季节会略有调整。活儿多的时候常常要留下来加班，两三个小时不等。但若碰上夜班工人请假人手不足，一部分白班的工人就不得不继续加班到第二天早上 6 点。遇到赶工的情况，夜班工人得加 6 小时班，白班工人也要提前 6 小时上班，算下来要连续工作 18 个小时。

（犬丸义一校订《工人实录》）

那么，工人的宿舍和伙食是怎样的呢？

纺织工人最常见的住所就是职工宿舍，特别是上下班不用奔波的女工，大部分都住在职工宿舍里。

日本纺织工人

　　宿舍通常是简陋的二层木结构房子，一间屋子有10—20叠榻榻米大小（译者注：1叠约等于1.62平方米），10多年以前盖的房子里还有四五十叠大小的房间。可是，近来渐渐开始把大房子分割成小房间，面积小的只有6—8叠。人均使用面积基本为一人占一叠大小……

　　（宿舍的）伙食分外包和公司提供两种。外包的伙食往往粗劣，主食一般用大米，偶尔米麦混用。副食多为蔬菜和干菜，一般是每月有几次小鱼，也有极个别工厂每周提供肉食。

（犬丸义一校订《工人实录》）

日本工业革命与马铃薯

日本工业革命时期，马铃薯扮演了怎样的角色呢？

1925年（大正十四年）出版的细井和喜藏（1897—1925年）所著《女工哀史》，也是了解日本工业革命背景下工人实际状况的第一手材料。以下是书中记录的大阪纺织厂女工工作时间里的食谱。

早餐	面筋汤	咸菜
午餐和夜宵	马铃薯	咸菜
晚餐	炸豆腐	咸菜
第二天		
早餐	马铃薯汤	咸菜
午餐和夜宵	羊栖菜（译者注：一种海藻）	咸菜
晚餐	水煮菜叶	咸菜

细井接着写道：

酱汤里使用的酱，不是大阪市面上卖的大豆做的红酱或白酱，而是特制的糠酱。汤里如果放菜叶的话就只有菜叶，若用稍稍贵一点的食材，比如芋头或海带等做了清汤，那么整个碗里除了汤水常常找不到一星半点干货。

女工柔弱的肩膀，撑起了日本工业革命的天。可是当她们在棉尘飞舞的厂房里结束了一天辛苦的工作后，等待她们的就是这样的酱汤。少得可怜的马铃薯做的汤是什么滋味啊？是不是像泪水一般咸涩呢？

日本纺织女工

　　可以说，在日本工业革命期间马铃薯名副其实地是"穷人的面包"。

第六章

现代史中

的

马铃薯

1 战争与马铃薯——德国

变为农场的蒂尔加滕

德意志联邦共和国的首都柏林，蒂尔加滕公园坐落在市中心，是这一带最大的公园。这里被茂密的森林和沼泽环绕，最初是王室的猎场，后来改为公园，总面积约 255 公顷。

在这个开阔的公园里，松树、菩提树、枞树、榉树、栗子树、橡树等绿树成荫，水池、草坪散落其间，玫瑰、大丽花等花团锦簇。园内小径纵横交错，中央区东西走向的"6 月 17 日大街"可以通行汽车。电影《柏林·天使的诗》（1987 年）中，中年天使小憩的胜利纪念塔就矗立在这条大街上。不过让人意外的是，二战结束后不久，这条大街变成了简易飞机跑道，而胜利纪念塔成了导航台。

公园东侧紧邻勃兰登堡门，这座建造于 1788 年至 1791 年的建筑是柏林的象征。公园内还有 1844 年开放的动物园。这里是柏林市民心中不可替代的休闲去处，在夏日午后，柏林人会穿着泳装在公园的草坪上尽情享受日光的爱抚。

森鸥外的代表作《舞女》（1890 年）有这样的一段描述：

> 某日黄昏，我漫步兽苑，穿过菩提树下大街准备回蒙比修的住所时，来到库洛斯提尔巷的古教堂前。
>
> （《新潮日本文学·森鸥外》）

这个兽苑正是蒂尔加滕。德语中蒂尔（tiere）的意思是动物、猛兽，加滕（gärten）是庭园、苑囿之意，"兽苑"是直译。

二战刚结束时，这个公园里的树木被统统砍掉，成了马铃薯田。不过，现在知道这件事的柏林人也不多了。

"这里的树木都这么高了……。现在想起来连我都不敢相信，这里曾种了一大片马铃薯。"

好久没来公园的克丽斯塔·拉杜凯说。这位 1931 年出生的老太太，戴着一副很适合她的墨镜。从 16 岁那年的春天开始，她就和家人一起在这里种马铃薯。

二战的枪声刚打响时，德意志势如破竹高歌猛进。可是，随着战事推进，柏林及德国各城市开始不断被盟军空袭。1942年5月以后，英国空军以1000架战斗机猛击德国各地，二战后期美国也加入进来。

拉杜凯至今依然清晰地记着柏林俾斯麦大街上的德国歌剧院在战火中化为灰烬的光景。

她说："那是1943年，官员们的衣服被炸飞了，耷拉在附近的树上。"

从1943年起德国开始疏散学童。同年秋天，拉杜凯也和其他孩子一样撤离到萨克森州。截至1944年，德国全国大约将200万学童疏散到国内5000个疏散机构。

拉杜凯说："本来大家都应该在学校等疏散所里过集体生活，但我身体弱，得到特殊照顾，被安排到了农民家借宿。也正因为这样，我没有特别悲惨的记忆。也许在柏林的父母给借宿的农民寄钱了吧。真正让我感受到困苦不堪，是在战后。"

她于1945年7月平安返回柏林，在被战火毁灭的家园重新和父母一起生活。她记得在蒂尔加滕种马铃薯是从1946年开始的。战争进入尾声到战火刚熄的这段时间里，公园里的树全被砍掉做了燃料。之后，那片地就都种了马铃薯。据说还有市民在公园里捉野兔来吃。

"区政府将土地按每块约 100 平方米大小划分好，然后租给柏林市民。公园全变成了光秃秃的地，远远望去，连施普雷河河边的临时议会所在的建筑都能看到。当时像这样分割成块的土地有好几千块，上面种的全都是马铃薯。"

变成马铃薯田的不只有蒂尔加滕。战后，联合国接管了战败的德国。战争刚结束时，每个德国人每天只能分配到 4200 焦的食物。占领德国的英国军队担心"这样下去就要闹饥荒了"，于是，在 1945 年 6 月颁布了《关于德国食物供给的文件》，下令在所有耕地上种植马铃薯等作物。（南直人著《世界饮食文化·德国》）

再看看拉杜凯一家种的马铃薯吧。他们和姑姑一家一起，在蒂尔加滕的一角把埋在土里的树根挖出，种上从区政府领来的种薯。可是，沙化的土地十分贫瘠，种出来的马铃薯又小又干，让辛苦劳作的两家人唉声叹气。

拉杜凯回忆说："有贼会来偷马铃薯，所以还得有人守着。这基本就是孩子们的工作了。我和同龄的表弟一起当起了守田人，火辣辣的日头下没有可以遮阴的地方。当时晚上宵禁不许外出，当然就没办法看守田地。记得有一次夜里马铃薯被偷了，惹妈妈发了好大的火。"

就这样，马铃薯一种就是 3 年。年年收成寥寥无几，仅能勉强完成分派的任务。

不够的粮食，只能靠变卖东西来弥补。幸好她家原是开租书店的，有几千册书。

"当时没有电视电影之类的娱乐方式，所以书很受欢迎。我家就靠这些书换粮食了，我很幸运。可我朋友就可怜了，他家在战争中被烧没了，一家四口很难吃上一顿饱饭，只能靠吃马铃薯皮充饥。"

拉杜凯还要帮妈妈去买东西。当时买东西叫作"去当仓鼠"。

"看，就是嘴里鼓鼓的那种动物，那个仓鼠。要把买来的东西藏好，不然好不容易弄到的东西，在回程的火车上遇到警察的话就会被没收。当时的火车非常拥挤，只能从窗户爬进爬出，再加上还有巡查的警察，那简直就像是一场噩梦。"

现在，每次她看到印度人挤人的火车，心里都像针扎了一样难过。

相似的光景

听着克丽斯塔·拉杜凯的回忆，我被一种奇妙的感觉包围。太像了，真的太像了。

这和我们曾经经历过的、听上一辈人讲述的二战中和二战后的日本简直一模一样。

比如日本疏散学童的行动。二战尾声的 1944 年（昭和十九年），内阁制定了《推进学童疏散纲要》和《帝都集体疏散学童实施纲要》。在《纲要》指导下，为了抵御美军 B29 远程大型轰炸机对日本本土的轰炸，国民学校初等科（今天的小学）将三至六年级学生约 50 万人从城市迁往乡村。

同样，日本的公园也变成了红薯田。为了增加粮食产量，连新宿御苑和国会前的空地上都种上了红薯。德国种马铃薯，日本是种红薯。虽然种的作物不同，但呈现出的景象如出一辙。

变成马铃薯田的蒂尔加滕从 1950 年开始逐渐恢复原样。柏林市民捐赠了上千棵树用以恢复公园旧日的模样。在柏林墙将德国一分为二的时代，蒂尔加滕是西柏林市民最重要的休闲娱乐场所。

帮着家里打理了一阵书店后，拉杜凯结婚生子，成了两个孩子的妈妈。这期间她暂停了一段时间书店的工作，不过，1978 年开始她又到柏林自由大学的图书馆上班。

"你问我怎么看马铃薯？这是德国代表性的食物。二战后德国人的生活全靠它。你问战争期间到战争结束一直在吃马铃薯会不会吃腻了，完全没有，我现在还是很喜欢吃马铃薯。对它心怀感激。"

第七章

日本的马铃薯

1 马铃薯登陆地——九州

爱野马铃薯农场

长崎县综合农林试验地爱野马铃薯农场位于海拔 60 米的一块高地上（云仙市爱野町），背倚云仙岳，俯瞰橘湾，总面积 45570 平方米。其中 42000 平方米的田地（试验田）种植着马铃薯。我到当地时是 11 月下旬，正值秋季马铃薯的收获期，居住在附近的主妇们也纷纷加入采收大队，正忙着从地里挖出滚圆滚圆的马铃薯，抖落上面沾的泥土。

在此之前，我并不知道长崎县是继北海道之后的日本第二大马铃薯生产地。特别是秋马铃薯，长崎县的产量约占全日本的总产量一半之多。

长崎与马铃薯的渊源深厚。1600 年，荷兰船只从爪哇（现在的印度尼西亚）的雅加达将爪哇芋带到了长崎港，这是马铃薯初次登陆日本。马铃薯的日语发音和雅加达的旧称很像，一般都认为这是马铃薯日语名称的来源。长崎县的《爪哇芋（马铃薯）渡来350年纪念事业趣事录》（1948年）中是这样记述的：

在日本最初栽培爪哇芋的就是我们长崎县。始于350年前的庆长三年（1598年），是荷兰船只由爪哇岛带到长崎县的。

当时的长崎奉行（译者注：幕府时代的官名。地方长官）是寺泽志摩。不过很遗憾，当时实际栽种的人的姓名我们已无从得知。……此后，受到官府的鼓励，马铃薯才在东北、关东等气候寒冷的地区也广泛种植起来。追根溯源，马铃薯都是由长崎扩散开的。马铃薯的名称就是由爪哇芋演变而来的。天保年间的大饥荒（1833—1836年）中有很多人没有被饿死，也是马铃薯的功劳。因此，马铃薯又有五升芋、八升芋、五斗芋或十石芋等诸多别名。二战前，长崎县的马铃薯出口量排日本第一，与洋葱一起被运往中国、韩国、菲律宾、马来半岛甚至爪哇地区。在西洋料理以及炸炒食物中也享有盛名。

此外，据《长崎县史》（1976 年）记载，1873 年（明治六年）的马铃薯出口量已达 2400 斤（1 斤约合 600 克）。不过，截至明治二十年，长崎县内的马铃薯需求却主要以居住在当地的外国人以及外国船只为主，一般老百姓消费得很少。栽种区域也被划定在长崎县周边西彼杵郡的一部分地区之内。

从明治三十年代前半期开始，马铃薯的出口量急剧增长。当时驻马尼拉美军的粮食基本靠驻军当地供给，采买均在长崎。由此，对海参崴、中国、朝鲜等国家和地区的出口也随之逐渐增加。据说明治四十年代，日本全国马铃薯出口总量的大约 40% 都是从长崎港装船运的。

艰难历程

马铃薯在日本扎根，当然也经历了艰难的历程。

马铃薯原本是南美安第斯海拔 3000—4000 米高地的寒冷地带的作物，最适合的生长温度是 10—23 摄氏度之间。要在温暖的长崎栽培，必须进行品种的改良和病虫害的防治。勇敢挑战这些难题的，就是长崎县综合农林试验地爱野马铃薯农场。

　　长崎县综合农林试验地爱野马铃薯农场的大致发展历程是
这样的：1950 年，为了培育适合温暖地带种植的品种，原本设
立于广岛县安芸津町（现东广岛市）的试验地迁至长崎县爱野。
1951 年（昭和二十六年）设立了长崎县综合农业试验场爱野试
验地，1971 年（昭和四十六年）因机构改革，更名为"长崎县
综合农林试验地爱野马铃薯农场"。

　　农场以培育适合温暖地区生长的两期作物为目标。如果这
一目标得以实现，那么九州地区的农家，将一改以往只能在山
脚狭小田地或贫瘠土地里少量种植马铃薯的现状，大幅度地提
高生活质量。这个挑战，关乎人们对美好生活的憧憬。

　　改良品种，需要漫长的时间和非同寻常的忍耐力。比如，
马铃薯的开花期就是一个必须面对的难题。马铃薯分早熟和晚
熟两大类，因开花时间不同，两大类之间的花粉无法自然完成
授粉。因此，实验人员一方面采取电灯照射、放任其自然生长
的方法，尽可能推迟早熟品种的开花，由此甚至出现了长到两
层楼那么高 5 米左右的马铃薯。同时，又想方设法令晚熟品种
提前开花。

　　经过种种努力，终于结出新种子 5 万颗。一般要播种 50
万颗种子，才能够发现一个新品种，据此预计，大约需要 10

年时间。

在温暖地区生长的马铃薯极易染病。因此还必须改良品种，使其具有强大的抗病能力。

任何一个品种的诞生都凝结了人们无数的心血。"出岛"是以长崎出岛的地名命名的，该品种的马铃薯口感和香气极好，人们都说这个品种"新采收的一放进大酱汤，顿时香气四溢"。"出岛"之子"西丰"则抗风性能强，易栽种。"蓝丰"有较强的抗病能力，特别是能有效抵抗极其可怕的、相当于人类霍乱的马铃薯金线虫病。

"实现相同品种一年之内种植两季的，全世界只有我们这里了。"农场场长小村国则说。

"不过，每开发一个新品种，便会有新的病虫害接踵而至。"他补充道，"这是一场永无止境的战斗。"

2 离蓝天最近的田地——长野

二度芋的故乡

"二度芋"，我被这个听起来就感觉带劲的名字吸引着，来到了长野县下栗地区。"二度芋"这个名称，就源于其一年可种植两季的特性。

下栗地区现在的正式地名是饭田市上村下栗，2005 年（平成十七年）9 月底之前，一直叫下伊那郡上村下栗。这里的山平均海拔 800—1100 米，一户户人家和一片片农田星星点点散落在陡峭的山坡上，好像悬挂在上面似的，因此也被人们称作"离蓝天最近的田地"。在这片"离蓝天最近的田地"里，栽种的就是二度芋。

传闻下栗部落最初是镰仓时代一些败落武士的聚集地，不过，并没有相关的文字记载。同样，有关二度芋的栽种起于何时，也没有记录可寻。下栗村村委会的野牧知利告诉我说："信州大学的老师们专门对此做了调查，据说二度芋这个品种是江户时代经由欧洲传入的本地种。虽然和五月皇后（译者注：马铃薯的品种名。英文名 May Queen）的形状不像，但有很相似的基因。现在全国各地种植的来自美国、经北海道传播开的马铃薯，和二度芋是完全不同的系列。"

话说起来有点复杂。属于本地种的二度芋最初其实是分"红芋"和"白芋"两种的。可是红芋在昭和三十年代的前半期就彻底灭绝了。为此，野牧知利的叔叔、当时担任青年团团长的野牧源吾，于 1947 年（昭和二十二年）从北海道引来了产量高的早玫瑰（Early Rose）品种，在村里推广。因此，现在下栗地区虽然还有红芋和白芋两种马铃薯，但是这个红芋已不是二度芋的"红芋"了。

那么，下栗乡是个什么样的地方呢？让我们一起来看看他们的宣传册是如何介绍的吧。

俯瞰远山，眼前是圣丘山所在的南阿尔卑斯山脉。山脉雄伟高大，绵延万里。陡峭的山坡上，紧紧贴附着一片片狭小的农田，田地四周环绕着碎石围成的石垣。连片的农田一直蔓至山陵，步步逼近天边。

如今下栗居住着 50 户大约 140 人。几乎所有的人家都种植着二度芋。3 月末是春马铃薯的栽种期。胡桃泽三枝子邀请我到她家地里去参观整个栽种过程。

她家的这片农田倾斜度大约有 20 度，不过，听说这个坡度还算是较缓的，陡峭的地方倾斜度甚至还有近 40 度的。这天，胡桃泽准备播种的是白芋的种薯。她先将地翻至 5 厘米深，然后每隔 30 厘米刨一个坑，放入种薯和肥料，再用土盖上。播种时一定要注意，需从坡的下端往上方推进，因为如果从上往下干活的话，田地里的土就会纷纷滚落到山下去。

春季播种之后，要等到 6 月底 7 月初才能采收。那又是一场艰苦的劳作。田地都在斜坡上，农业机器根本无法使用，所有的作业都需手工完成。胡桃泽说："我家有 5 块田，一共能收 1.5 吨左右的马铃薯。每次采收时，腰都要累断了。"

二度芋的颗粒不大，最大的也不过直径 5—6 厘米，但味道极其鲜美，淀粉含量很高。据信州大学的调查，二度芋的淀粉含量是 16%，甚至比含量 14% 的男爵芋还要高。因此口感绵软，也耐煮。烹饪方法有很多，烤一下再蘸点自家做的味噌酱（译者注：大豆发酵成的面酱）很好吃；用酱油、白糖和油炖入味了吃也一样美味；还可以做成马铃薯饼吃。这里的农田因地处高寒地区，灌溉条件格外优越，因此才能培育出如此美味的二度芋。不过，这里的土地却不太适合种植红薯和玉米。听说之前曾把下栗地区的二度芋的种薯拿到青森县去培育过，结果颗粒变大，水分含量过高，根本无法食用。

《南信州上村远山谷的民俗》（长野县下伊那郡上村民俗志刊行会编）中也有相关记载：

家住在上町的冈井龙江，明治十九年出生于下栗地区。他生前曾告诉我们，与上町（注：位于比下栗地区海拔低很多的一个低地）种的马铃薯相比，下栗种的马铃薯味道要好很多。上町一直是从下栗那里采购种薯的。即便同属下栗地区，半场（注：海拔近1000米）种的马铃薯味道也比上町的好。下栗的种薯如果拿到上町去培育，味道就会大打折扣。

那么，二度芋真的像它的名字那样，在下栗地区一年可以种植采收两季吗？胡桃泽用很抱歉的口吻告诉我说："二战刚结束的时候，夏季还种了几年，如今只种春季这一期了。"

马铃薯在下栗地区人们的生活中到底发挥了什么样的作用呢？

山区的田间作业是很辛苦的，现在如此，过去则更甚。从日出到日暮，不论男女老少都在地里劳作。因此，以前下栗地区的人每天都要吃四顿饭。

1. 早饭
2. 午饭（上午11点左右）

3. 二八（下午2点）

4. 晚饭

　　这里的主妇熊谷樱乃介绍道："每天要在地里一直干到太阳完全落山，所以肚子很容易饿。四顿饭里顿顿少不了二度芋。特别是下午2点这顿，几乎就只吃马铃薯。一来是因为马铃薯做起来不费事，当然也是因为我们离不开马铃薯。没有马铃薯，就没有我们下栗。"

　　下栗地区无法种植大米。除此之外，几乎什么都种过，小麦、荞麦、小米、黄米、豆类、魔芋、芋头……大米需要到外面去买，因此大米马铃薯饭、马铃薯蒸面的吃法一直持续到前几年。

　　近年来，因为人们热衷于各种探秘之旅，到下栗的游客逐年增多，人们对二度芋的关心度、热度也随之直线上升。报纸杂志等媒体的介绍特别吸人眼球。

　　野牧知利向我讲述他的志向：

　　"目前我们只是在海拔低的地方设立了直销点和自助销售台，我们乡也准备尝试通过网络进行销售。去年我到德岛县东祖谷考察时，发现他们那里生产的马铃薯和我们的二度芋是同类品种，颗粒比我们的小，却已经高价销售到全国各地了。德岛的营销策略是将二度芋和当地平家落败武士的历史背景相结合，取名'源平芋'，红白两芋搭配出售。我想，今后我们也要如此广开思路，积极扩大销售规模。"

3 "冷夏"与马铃薯——日本东北地区

突然袭来的饥荒

1931 年（昭和六年）和紧接着的 1934 年（昭和九年），日本东北地区相继发生了粮食歉收甚至颗粒无收的大灾荒。东北地区从江户时代起，就一直是饥荒多发地区。

> 以南部·盛冈藩（译者注：现在岩手县中部至青森县东部。一般也称南部藩）为例，江户时代大大小小发生了94 次歉收，平均每三四年一次的频率。其中，发展到饥荒的、颗粒无收的记录是 17 次。也就是说，每隔 16 年就要饱受一次饥荒的苦难。
>
> （岩手放送编《岩手百科事典》）

1931 年的饥荒，因生丝价格暴跌、金融危机，又加上农作物歉收，情况格外严峻。生丝是日本当时最大的出口产品。受世界经济大萧条的影响，生丝的原材料蚕茧价格暴跌至前一年的一半以下。大米的价格也跌至近一半。全国 560 万户农民，特别是东北地区山村里的农民在穷困的深渊中苦苦挣扎。

当年青森步兵第五联队一名农民出身的士兵，在出征中国东北时，收到了父亲写来的家书：

> 你必须战死，敢活着回来的话我绝饶不了你。……因为家里需要你死后国家发放的抚恤金。

到了 1934 年，农作物歉收情况更加严重。那年刚进 7 月气候就突变，气温也急剧下降。初夏从日本东北地区的太平洋海域吹向内陆的湿冷的东北气流是造成农业歉收的元凶。

1937 年（昭和十二年）岩手县编撰的《昭和九年岩手县歉收记录》，除了有总量的统计，还分别按农作物类别以及市町村落分别受灾情况做了详尽的记录，成为宝贵的资料。

根据该书记录，1934 年 7 月，从 1 号开始一直阴雨绵绵，只有 5 天是晴天。

这样的天气条件，水稻根本无法生长。从最最关键的 7 月开始，连续 3 个月都是这样令人绝望的天气，水稻无法正常完成分蘖—开花—结穗。

《昭和九年岩手县歉收记录》中是这样记述的：

> 刚进 7 月中旬，北方袭来的冷气流与滞留在南海上空的暖气流遭遇，形成了暴雨，并逐渐南下。本县完全处于冷空气的包围之中，气温急速下降，在水稻生长最关键的7、8 两月以及 9 月上旬，一直持续低温、多雨、阴天。对水稻生产而言，真是悲惨至极的气象条件。
>
> 这样的天气，完完全全就是宫崎贤治在诗歌中描写的"茫然独行冷夏中"的真实再现。

1934 年这一年大米的收成情况是：岩手县减产 54.5%，青森县、山形县、宫城县、福岛县、秋田县也分别减产 46.4%、45.9%、38.3%、33.4%、25.6%。歉收情况是明治以来最严重的。

当时的情景完全是饥饿地狱再现。有关岩手县和贺郡泽内村（现西和贺町）当年 11 月份的饮食情况，《另一部昭和史——

北上山系的人们》（田中义郎等）中是这样记述的：

　　当然，没有一户人家能吃得上白米饭。其实，连稗草、谷子也早吃光了。荞麦面丸子炖萝卜叶、野菜已算是很好的饭了。大多数人吃的是用七叶树、栎树、栲树等树木的果实或蕨根磨成粉做的丸子。而且，很多人家根本没有味噌酱、酱油这样的调味品，只能用盐煮着吃。

　　连这些也吃不上的人家，甚至把纸拉门、稻草都焙干磨成粉吃了。

岩手县的农村婴幼儿死亡率高达 90%。学校里越来越多的孩子因为没有早饭吃，造成贫血，个个面无血色，根本没有力气站着听完晨间例行的校长训令。这一年，东北地区挨饿的儿童有 34415 人，岩手县内因贫困需要政府免费提供午餐的儿童有 24800 人，占全体学生的六分之一。而且，这项福利措施也是完全依靠城市的援助物资，才得以启动。

1935 年（昭和十年）5 月，任教于江系小学的西塔幸子写下了有关这个内容的诗歌：

采来野菜做给食，摘净夜色昏。

咸鱼切成片，明日一餐饭。

被卖掉的孩子们

歉收的村落里再也不见姑娘们的身影。她们被父母卖掉了。

《昭和东北大歉收》（山下文男）记载了1934年（昭和九年）的调查结果。过去的一年间从东北六县被卖出的年轻女子的数量和概况如下：

卖艺人	2196 名
娼妓	4521 名
陪酒女	5952 名
女招待	3271 名
女佣和保姆	19244 名
女工	17260 名
其他	5729 名
共计	58173 名

走上法西斯之路

这次东北地区的农作物歉收，也改变了日本的历史方向。

日本东北农村曾是日本的主要兵源地。二战前的征兵体检中，岩手县的 1000 名应征青年当中有 500 人是甲等合格，一直位列全国前一二名。东北农村的贫瘠苦难引发了这些青年军官们强烈的危机意识。五一五事件的被告之一、陆军干部候补生后藤映范在申辩书中写道：

> 我们认为必须尽早迈出革新的第一步，国家改革势在必行。之所以有这种想法，是因为我们意识到当时国内外的严峻形势。……特别是东北地区的大饥荒，让我们深切地认识到局势已不容我们再有丝毫迟疑。……有报道说，有的乡村小学的孩子们基本上没有早饭和午饭吃，每天饿着肚子上学，饿得头昏眼花地放学。这些可怜的儿童都是肩负祖国未来的后继者，身为热血男儿，我们岂能眼睁睁看着孩子们受苦？有的人家为了活命，不得不将已经腐坏的马铃薯磨碎和着草根吃。有些地区人和马吃一样的东西，

稍有营养一些的食物甚至还优先给马吃。……

迟一天，饥民就得多熬一天，国防的根基就多一分隐忧。事关万千农民的生活，事关国家社稷的安危，我们无法再迟疑下去。

（《检察密录——五一五事件Ⅲ》原秀男等编）

就是这种危机意识驱使青年军官们发动了五一五事件（1932 年）、二二六事件（1936 年）。

1936 年（昭和十一年）2 月 26 日，陆军皇道派青年军官们打响的枪声，划破大雪纷飞的东京的上空，内大臣斋藤实、大藏（财政）大臣高桥是清等高官倒在血泊中，冈田启介内阁倒台。二二六事件爆发。兵变失败后，青年军官们被作为叛贼处死。广田弘毅登场组阁，陆军逐渐掌握了实权，并一步步确立了法西斯支配体制。之后的日本，彻底走上法西斯之路，将铁蹄踏进亚洲各国，发动了罪恶的战争。

马铃薯回天乏力

昭和初期的东北大饥荒，马铃薯这个救灾最得力的农作物，为何没能发挥其应有的功力呢？一直享有"救世主"之誉的马铃薯，在成为昭和历史转折点的东北大饥荒中，为什么就没能救饥民脱离苦海呢？我很想搞清楚这个问题。

首先，看看当时马铃薯的收成情况吧。《昭和九年岩手县歉收记录》里是这样记载的：

> 马铃薯初期生长顺利。可是进入 7 月后，气候恶变，严重阻碍了马铃薯的生长。加之又相继发生了马铃薯早疫病以及马铃薯瓢虫害，阴雨绵绵的天气条件使各种防治措施丝毫不起效。总收成只有 4568400 贯（译者注：1 贯 = 3.75 千克），比平均收成减少了 31%。

当年岩手县的马铃薯栽种面积是 2914.3 段（1 段 =991.7 平方米），马铃薯是仅次于荞麦的第二大作物。因此，马铃薯并非没有得到普及，饥荒的根源应该也不在此。

居住在盛冈市的杂谷研究员古泽典夫是研究抗灾作物的第一人。"为什么这次马铃薯没能成为饥民的'救世主'？"我向他直截了当地抛出了我的疑问。

"马铃薯有两个缺点。一个是病虫害，另一个就是自身生长机能的问题。病虫害问题，全国各地都一样。可是生长机能问题，具体说就是种薯问题，岩手县就面对非常不利的因素。"古泽回答道。

在盛冈周边，马铃薯一般是 4 月初播种 8 月收获。当时一般的做法是把收获的一部分马铃薯作为种薯保存到第二年使用。可岩手县的气候条件非常不利于马铃薯的保存。不仅如此，在沿岸地区易生长的品种，拿到山区却长不好，也保存不住。这些因地域因素造成的问题，非常棘手。没办法，这里的农户不得不每年从他县购买种薯。

古泽还说："岩手县一带当然也有'七分种粮三分种薯'的说法。因此，当地农民应该也是知道要种些马铃薯以备不时之需。只是因为缺少种薯的缘故，没能种成吧。"

我继续尖锐地问道："难道不是因为小农小户根本没有多余土地和时间可以用来栽种马铃薯吗？租种土地需要缴高额的租子，农户当然首选种大米了，有富余的土地和时间才种马铃薯。难道不也是因为量的问题，马铃薯才未能成为'饥荒的救世主'吗？"

针对我这样的疑问，古泽痛心地答道："马铃薯到底不是主要作物呀。"

4　日本饮食与马铃薯

据说 1955 年（昭和三十年）以后，日本的老百姓才一日三餐吃上了白米饭。在那之前，基本是大米和小麦、杂粮、红薯、马铃薯混合着吃。1888 年（明治二十一年）的"大米食用率、混合食用率"的统计显示，全国平均粮食消费量中，大米占 51.1%，小麦占 27%，杂粮占 13.2%，红薯占 5.7%，马铃薯占 0.8%。只有在马铃薯的产地，马铃薯的混食比例较高，如北海道 11%、德岛县 4.5%、山梨县 3.5%。（大豆生田稔著《大米与饮食的近代史》）

像北海道这样把马铃薯几乎当主食的地方，马铃薯必须长期保存。"冰冻马铃薯"为此应运而生。

冬天把马铃薯冷冻起来，到春天时将皮削掉，用水浸泡一天。其间需要换两三次水，将变红的水倒掉。然后像晒柿子干一样，将马铃薯穿成串儿吊在屋檐下晾晒。干燥之后，马铃薯会变得很硬，吃的时候将它磨成粉，做成丸子之类的。这种"冰冻马铃薯"和安第斯人制作的马铃薯干很相似。人们靠它就可以支撑到来年七八月新马铃薯收获的时候。一般在北海道、青森、岩手等寒冷的地区，才制作这样的"冰冻马铃薯"。

"马铃薯炖肉"这道菜可以说是日本人智慧的另一代表作。有关"马铃薯炖肉"的诞生，还有一段小故事。后来成为赫赫有名的海军大将的东乡平八郎（1847—1934年），曾在明治初期去英国朴次茅斯留学。因为一直很怀念在英国时吃过的西式炖牛肉，他便命令舰上的厨师长为官兵们制作这道菜。可是，船上没有这道菜最关键的调味料——红酒和牛骨烧汁，厨师长不得已用酱油和白糖替代，便意外地烹饪出"马铃薯炖肉"这道菜。海军也因为吃了"马铃薯炖肉"，才彻底消除了脚气病的困扰。

"马铃薯炖肉"和马铃薯一样，都和战争有着不解之缘。出兵西伯利亚引发米骚动时，马铃薯也曾备受关注。1918年（大正七年）7月，始于富山县主妇们抢米之举的米骚动，之后迅速扩散至一道三府三十二县。

当时的报纸以《马铃薯和红薯亦营养丰富，大米问题应'薯'而解》为标题，刊载了以下这篇报道。

　　6月至7月间全国各地马铃薯丰收（平均3.0045亿贯），9月至10月可收获10亿贯以上的红薯。……

如果国民们可以自发地多食用大米之外的农作物，那
么大米问题有望很快得到缓解，经济状况也将平顺好转。

（1919 年 6 月 9 日《读卖新闻》）

太平洋战争期间，报纸上也曾大张旗鼓地宣传马铃薯这个
主食替代品。《读卖新闻》就曾连日刊载《薯芋与战争》专栏，
介绍"马铃薯面条""马铃薯面包干"等新食谱。

那么，21 世纪日本人的饮食与马铃薯又是一种什么样的关
系呢？农林水产省（译者注：日本的行政机构，简称农水省，
主管农业、林业、水产行业行政事务）推测，"在广大消费者
追求健康饮食的背景下，低热量的马铃薯的需求应该会持续增
长"。太平洋战争期间，马铃薯作为主食替代品的功能受到高
度肯定，宣传称"一天只要吃四五个普通大小的马铃薯，营养
就足够了"（1943 年 7 月 24 日《读卖新闻》）。可如今，马
铃薯的低热量却成了新的"卖点"。

马铃薯，也是时代的一面镜子。

5　文学作品中描写的马铃薯

双色绒毯

小白花整整齐齐地列着队绽放在绿叶间，花朵与花朵之间的距离像尺子量出来似的不差分毫。这块白绿两色相间的双色绒毯，就是北海道虻田郡俱知安町字瑞穗的马铃薯田。在素有"虾夷富士"之称的羊蹄山（海拔 1898 米）山麓，广阔的土地上是一片片"男爵芋""洞爷芋""北明"等不同品种的马

男爵芋的花

铃薯田。俱知安町也是马铃薯的发祥地之一，这里的马铃薯种植面积有 1200 公顷。

其中，男爵芋的种植面积大约占了九成。远看是白色的花朵，近瞧却发现原来是淡淡紫红色，中间是黄色的花蕊。

很遗憾，我来时不巧是个阴天。虽然没能欣赏到羊蹄山俊美的山峰，却看到了马铃薯田四周排排挺拔的白桦树，笔直入云。更令人惬意的是，阵阵凉爽宜人的微风拂面而来，云雀悦耳的啼声、灌溉水在田埂间小渠中欢快的哗哗声，萦绕耳畔。四周再无别的声响。7 月，正值花儿怒放的时节，收获的季节则要等到 8 月下旬至 9 月上旬之间了。

石川啄木和马铃薯花

最后，让我们一起来欣赏一下以北海道马铃薯为题的文学作品吧。

和北海道有着极深渊源的歌人石川啄木的《一把沙》（1910年）中有这样一句吟诵马铃薯花的诗：

马铃薯花迎风绽，思君共喜花开时。

石川啄木

　　石川啄木（1886—1912 年）出生于岩手县的一个僧家。在涩民村（现盛冈市玉山区）长大，后任该村小学代课老师。因带领小学老师们罢课，被驱逐出村。1907 年（明治四十年）他告别家人单身赴任北海道。在这里，啄木默默地爱上了同在函馆弥生普通小学工作的橘智惠子，这位智惠子老师就喜欢马铃薯花。因此人们认为这首诗歌中的"君"指的应该就是智惠子。

啄木在函馆先后当过代课老师、报社记者，因一场大火丢了工作之后，又辗转于札幌、小樽、钏路等地，在北海道生活了不到一年。后来去了东京的啄木，在《一把沙》中留下了下面这句诗：

> 淡紫薯花迎雨绽，京雨勾人思漫漫。

《牛肉和马铃薯》

除了诗歌，还有直接以马铃薯命题的文学作品。自然主义文学的先锋国木田独步的代表作《牛肉和马铃薯》便是其一。

> 芝区樱田本乡町护城河边的明治俱乐部里，有一栋不算气派但也不差的西式洋楼。楼房如今虽在，但人去楼空，主人已不再是明治俱乐部了。

如此开篇的《牛肉和马铃薯》，1901 年（明治三十四年）刊发于《小天地》上。

国木田独步

故事梗概大约是这样的：

某年冬天的夜晚，冈本城夫这位小说中的国木田独步，来到樱田本乡町的明治俱乐部。此时，二楼餐厅灯火通明，炉火熊熊燃烧着。几位 30 多岁的熟客一边喝着威士忌，一边就理想主义和现实主义高谈阔论着。

上村说自己年轻时为了追求理想，曾在北海道垦荒造田，后因受挫，改变初心成了一个牛肉党人（现实主义者）。

近藤冷笑着说："牛肉原本就是我的喜好，和主义什么的无关。"

冈本也说自己不喜欢什么主义之类的，既不是马铃薯党也不是牛肉党。冈本年轻时也曾梦想着开拓北海道，未能实现。现在的冈本抱着强烈的愿望："想要探知世间万物以及生死的不解之谜。"

"我不是要搞清宇宙的奥秘，而是要搞明白神秘的宇宙为何物。"

"我也不是想知道死亡的秘密，我想探究死亡的超现实性。"

冈本吐露的心声，在同伴中只得到了近藤的理解。

对独步的这部作品，北野昭彦是这样评论的：

生活的磨难、世俗的困扰使独步的文学之路屡屡受阻。每一次的阻力都促使独步更加猛烈地抨击世俗的观念和习俗，更加向往探究世间万物与生死的奥秘。好奇之心，令独步重新振作，也使他这个文学之人得以找寻到自我。在这部作品中，独步将他以往的梦想以及种种世俗的愿望一一列举，作为超越自我的方式，提出了探秘之心，以此与世俗的价值观构成强烈的对比。上村、近藤、冈本其实各自代表了独步的不同侧面。不受主义之类既成观念束缚的近藤的态度，其实正是冈本探秘之心的原点，因此近藤也是唯一一个理解冈本的人。而冈本则远远超越了始终在冷眼旁观的近藤，立志要成为一个感受"惊叹"之人。这部作品以犀利的辩论风格的对话为主要内容，给明治时代的文艺界开辟了一片全新的天地，也作为思想类小说受到极高的评价。

《牛肉和马铃薯》一书中将马铃薯与理想、牛肉与现实等同起来，着实有趣。为什么马铃薯会成为理想主义呢？这和独步的经历有很大的关系。

1871 年（明治四年）独步出生于千叶县铫子，幼名龟吉。父亲出身于旧龙野藩（兵库县）胁坂家藩士之家，明治维新后在司法省工作。母亲是铫子一般平民家出身。龟吉少年时期曾因父亲的工作变动，辗转于山口县各地。

1887 年（明治二十年）独步到了东京。第二年进入东京专门学校（现早稻田大学）英语普通科学习，后升入英语政治科。1891 年在植村正久的教会接受洗礼，结识了德富苏峰。

因罢免校长运动从东京专门学校退学后，独步曾一度返乡。1892 年（明治二十五年）再次返京，在浪漫主义杂志《青年文学》担任编辑。他受克莱尔、华兹华斯等人的巨大影响，也就在这个时期。

1894 年（明治二十七年）独步成为国民新闻社的记者，和佐佐城信子结婚。半年后两人离婚。这时的独步强烈向往着到北海道垦荒，可是梦想却一直没能实现。

离婚后，独步在上涩谷村居住过一段时间，相继发表了《武藏野》（1898 年）、《难以忘怀之人》（1898 年）、《命运》（1906 年）等作品，表达了他对自然的深情向往，从而作为自然主义作家受到高度赞扬。1908 年（明治四十一年）因肺结核结束了他 37 岁的生命。

移居北海道是独步"未了的梦想（理想）"。短篇小说《空知川岸边》满浸着他的这个强烈愿望。当时，独步为了确定梦之乡的具体位置，曾入空知川岸边完全没有开发的深林中考察。在这部作品的最后，独步写道：

　　直至今日，我没能再踏上北海道的土地。虽然因为家人我不得已放弃了自己垦荒的梦想，可如今，只要一想到空知川的两岸，仍能感受到那冷峻至极的大自然对我深深的诱魅。

何故何故？

教科书中马铃薯的故事

1947 年（昭和二十二年）的小学五年级国语课本中有这样一首诗：

去种马铃薯

看到马铃薯，我便会想起北海道的老家。

宽广的马铃薯田地尽头，

总是孤零零地立着高高的虾夷富士，

大山的身姿，勾起我幼时无数的回忆。

跨过津轻海峡来到内地，

那时我才是个二年级的小学生。

津轻海峡的水，荡漾着深深的绿色，

在大船的甲板上，我和奶奶眺望着远方。

北海道的老家，有牛四头，

个个都是奶牛，个个都与我熟络。

我家也做黄油，

和小麦粉一起烤出香软的面包。

烤面包的奶奶，

身边一定有读书相伴的我。

我的椅子是个小小的摇摇椅，

椅子下面总是窝着家中的小猫。

金合欢的花朵在风中摇曳，

田里熟透的草莓散发着甜香。

爸爸，等我长大了，

还要和奶奶再回故乡，

回到北海道，栽种马铃薯，

当然还有燕麦。

我要像父亲一样，

养好多奶牛，

自己炼制黄油。

还要饲养山羊，

在羊圈的周围，种上奶奶喜欢的丁香。

我要辛勤劳动，像爸爸一样。

百田宗治

北海道是日本的粮仓。

在札幌开办农学校的克拉克先生说:

"青年们,要怀抱远大梦想。"

我长大之后,一定要回到北海道。

带着我的妈妈,去北海道栽种马铃薯。

学习丹麦的农业知识。

成为一个优秀的农民,是我的梦想。

(百田宗治)

这是一个失去父亲的勇敢少年描述长大后梦想的作品。少年的父亲可能被战争夺去了生命。

"北海道是日本的粮仓", "我"要在那里贡献"我"的力量。——从字里行间,我们仿佛可以读出战后那个时代的面貌,感受到那个时代人们奋发的精神力量。

終章

『救世主』

马铃薯

再现？

1 房顶的马铃薯田

横滨媒体塔大厦位于横滨市"港未来"区的樱木町站前，大厦的 3 层平台上，有一片马铃薯田。这是日本电报电话公司（NTT）为了应对热岛效应，于 2007 年（平成十九年）扩大采用水耕栽培技术的马铃薯田。

说是"田"，其实是一块 25 平方米大小的大型木桶做的水培浮床。马铃薯就是靠不断循环的溶有肥料的营养液培育的。该大厦有两块这样的"田"，共计 50 平方米。

为什么他们选择了马铃薯这种作物呢？

第一个理由是马铃薯优良的生长性能。栽种 1 平方米的马铃薯，枝叶爬出浮床可以蔓延覆盖 25 平方米的屋顶。

第二个理由是马铃薯高效的散热和遮蔽功能。马铃薯的叶片宽大，枝叶交错攀缠，可长至 40—50 厘米高，和以往绿化

房顶上的马铃薯田

屋顶的草坪、景天（景天科多肉植物）相比，单位面积的散热量大，隔热效果值得期待。

第三个理由是易栽培。常常在饥荒中发挥作用的马铃薯，无论多么贫瘠的沙土地或干燥地区都能生长，狂风暴雨中也能顽强存活，因此，栽培起来省事省力。

那么，马铃薯田到底能发挥多大效力呢？该公司于2006年开始，在东京港区的大厦楼顶进行了各种测试。结果显示马铃薯叶可吸收80%的太阳热能，蒸发的水分是草坪的1.5倍。

被马铃薯叶片遮盖的屋顶部分的温度是 28 摄氏度，而暴露在阳光下的地方可达 55 摄氏度，温度差有 27 摄氏度之大。（以上数据均出自该公司的宣传册）

东京的热岛现象格外严重。近百年之内，东京的平均气温上升了约 3 摄氏度，其中日最高气温的年平均值上升约 2 摄氏度，日最低气温年平均值上升约 4 摄氏度。东京的夏夜没有空调根本无法入睡。

那么，栽种这样的马铃薯田需要多少费用呢？该公司统计的结果是，以 4 块田（100 平方米）为一个标准单位栽种的话，大约需要 300 万日元。虽然目前与栽种草坪所需的 100 万日元相比，价格偏高，可是如果推广开的话，降至 200 万日元也是很有可能的。此外，一季作物还需花电费 5000 日元，水费 3 万—4 万日元，肥料费 6 万日元。

该公司首次采取水耕技术栽种马铃薯田的屋顶绿化方式是在 2006 年，而 2007 年就扩大至 8 处，总面积达 1000 平方米。除了可以享受收获的喜悦，该绿化方式还可以用于环境教育、体验学习等方面，因此政法大学等大学也纷纷加入这个队伍。据富士经济（译者注：日本的一家市场调查公司）预测，2008年这种用于屋顶或墙面的绿化方式的市场规模可达 750 亿日元，比 2004 年增加 313%。

日本电报电话公司（NTT）的该项目负责人永田雅宏说："除了马铃薯，我们还想尝试将更多的农作物用于屋顶绿化。红薯当然也是备选之一。在热岛效应愈加严重的当下，我们的尝试更显意义重大。"

也许不久的未来，我们可以在东京等各大城市的屋顶上看到一片片的马铃薯田、红薯田吧。可是，这是不是一件令人高兴的事呢？电视节目（NHK·News Watch 9）采访川越马铃薯资料馆馆长井上浩时，他说："（马铃薯）过去每逢饥荒或战争等异常时期就出现了。（屋顶绿化的马铃薯田出现在东京）也许是对东京的气象异常现象的一种警示吧。"

屋顶的马铃薯田，绝不是一个可以令人只喜不忧的景致。

2　"救世主"马铃薯再现？

据说东京每天扔掉的剩饭相当于 50 万人一天的口粮。这就是对资源的大肆浪费。日本如此浪费已非道德问题，应该受到正义的谴责。

伴随着粮食问题的日益严峻，今后在世界各地，作为"穷人的面包",马铃薯一定会对老百姓一如既往地不离不弃。我们始终应对马铃薯有一颗感恩和期许之心。但是,我认为一切粮食危机都推给马铃薯来承担,当然也是错误的。

在此,我要重申一点。马铃薯作为"救世主"的每次登场,都是在"非常时期"。不论是动物园变身马铃薯田的战后德国,还是向市场经济转型中连别墅和自家庭院都种满马铃薯的俄罗斯,不论何时何地,遍地都是马铃薯的时代一定是老百姓受苦受难的时代。这一点,我们不应该忘记。

反过来说,不再仅仅依靠马铃薯来充当"救世主"的措施、方略,才是如今我们应该探求追寻的。

隐约之中朦胧预感,时隐时现模糊不清的阴影已经出现,日本过于丰盛的饮食状况将不复存在。也许将来某一天突然以"饥渴"为不祥征兆,阴影会慢慢扩散开去。今日之饱,将成为明日之饥,一报还一报。如今已初见端倪。这难道是我的过度悲观?

(边见庸著《饮食男女》)

附　录

马铃薯的日本别名

在日本，马铃薯还有很多种说法，有很多别名。

《日本方言地图》（德川宗贤）一书广泛收集了马铃薯的各种名称。让我们一起来看看这本著作中都有哪些说法吧。

首先，马铃薯的读法就有很多：jyaimo、jyagaraimo、jyagataimo、jyagataro、jyagata、jyakata、jyagataraimo。因十六世纪马铃薯从雅加达古城（译者注：雅加达的古称。日语读音为jyakatora。）传入长崎，取其发音，便有了马铃薯的日语名称。

日本关东地区、中部地区一般多使用jyagataraimo这种读法。其实，jyagaimo的读法最为普遍，基本上全国通用。九州地区也多用这个读法。

有的地方称马铃薯为"芋"。主要在北海道等北部地区多用这种说法。

此外，barensyo、barentyo、bareizyo 等读法来自马（ba）、铃（rei）、薯（syo）三个字的字音组合。据说之所以叫马铃薯，是因为它的形状与马笼头上拴着的铃铛相似。目前使用这个名称的地区主要集中在隐岐（译者注：郡名。位于岛根县东北部，包含隐岐群岛全域）以及九州北部。

以收种方法、相关人名地名命名的还有若干种。

"二度芋"就是一个典型的例子，源于一年二季的收种方式，关东以西地区多用。虽然东北地区也有这个叫法，不过只是因为他们使用的种薯来自可二季收种的地区，东北的实际种植只有一季。

同样道理，"五斗芋""五升芋"等叫法和马铃薯的高产量有关。

"清太夫芋"则出自人名，是另一个典型例子。中井清太夫是甲州（译者注：日本山梨县的古地名）的代官（译者注：江户时代的地方官官名。负责幕府及诸藩直辖地的行政、治安事物）。为了纪念 17 世纪末他在任期间积极推广马铃薯的功绩，特以他的名字命名。中部和关东地区的人们比较喜爱使用这个名称。

出自地名的叫法的也有，比如江州芋、信浓芋等。

此外，一些鲜为人知的名称，如 appura、annpura、kanpura 等，据说这些发音与荷兰语中马铃薯的别称 aardapple（土苹果）相近。

马铃薯拥有诸多的名称。无论身处何处，马铃薯一次次拯救身处灾难中的百姓，给百姓以力量，因此才如此受到人们的喜爱。

我们再来看一下《日本方言地图》中没有收录的"善太芋"的命名缘由吧。

幸田善太夫，1745 年 7 月被任命为飞弹（译者注：日本古代的律令制度国家，现岐阜县）代官。在任期间，1748 年他从信州引进马铃薯种薯，在飞弹地区积极试种推广。

《岐阜县史》中有这样一段记述：

马铃薯在天保大饥馑期间发挥了极大作用，因此被人们尊称为"善太芋""救世主芋"。

天保饥馑发生于 1833—1836 年（天保四至七年），与"享保饥馑""天明饥馑"共称江户三大饥馑。当年各地遭受冷夏之害，饿殍遍野，因大米价格飞涨引发的暴动此起彼伏。1837年（天保八年）暴发的大盐平八郎之乱，奏响了天保改革的序曲。

当年幸田代官不仅推广了马铃薯，还倾注其所有的政治抱负，积极主张种植林木，为村民提供树苗，使山野又重新披上了绿装。他的遗骸被人们供奉于高山市的松寿寺中。